中等职业技术学校教学用书

陶瓷企业液压和气动设备技术运用与维修

主　编　孔伶容　陈　军
副主编　李　伟　谢宝强
主　审　刘恒聪

北　京
冶金工业出版社
2020

内 容 提 要

本书分 6 个模块，主要内容包括：液压与气动设备在企业应用情况，液压传动基本回路，继电器控制的液压传动，PLC 控制的液压传动回路，气动基本回路，PLC 控制的气动回路。

本书为中等职业技术学校机电一体化和电气自动化专业教材，也可作为相关企业人员的技能培训教材。

图书在版编目（CIP）数据

陶瓷企业液压和气动设备技术运用与维修/孔伶容，陈军主编. —北京：冶金工业出版社，2020.5

中等职业技术学校教学用书

ISBN 978-7-5024-8433-0

Ⅰ.①陶… Ⅱ.①孔… ②陈… Ⅲ.①陶瓷工业—液压装置—使用—中等专业学校—教材 ②陶瓷工业—液压装置—维修—中等专业学校—教材 ③陶瓷工业—气动设备—使用—中等专业学校—教材 ④陶瓷工业—气动设备—维修—中等专业学校—教材 Ⅳ.①TH137 ②TH138.5

中国版本图书馆 CIP 数据核字（2020）第 028447 号

出 版 人　陈玉千
地　　址　北京市东城区嵩祝院北巷 39 号　邮编　100009　电话　（010）64027926
网　　址　www.cnmip.com.cn　电子信箱　yjcbs@cnmip.com.cn
责任编辑　俞跃春　杜婷婷　美术编辑　郑小利　版式设计　禹　蕊
责任校对　郭惠兰　责任印制　禹　蕊
ISBN 978-7-5024-8433-0
冶金工业出版社出版发行；各地新华书店经销；北京印刷一厂印刷
2020 年 5 月第 1 版，2020 年 5 月第 1 次印刷
787mm×1092mm　1/16；16 印张；390 千字；246 页
48.00 元

冶金工业出版社　投稿电话　（010）64027932　投稿信箱　tougao@cnmip.com.cn
冶金工业出版社营销中心　电话　（010）64044283　传真　（010）64027893
冶金工业出版社天猫旗舰店　yjgycbs.tmall.com
　　　　　（本书如有印装质量问题，本社营销中心负责退换）

前　言

本书按照学生的认知规律，打破传统的学科课程体系，坚持"工学结合、校企合作"的人才培养模式，模拟企业生产环境，渗透企业文化，采取项目教学法的形式对液压与气动的知识和技能进行了重新构建。本书具有以下特点：

（1）呈现形式新颖，表现手法创新。坚持以学生为主体，激发学生的学习兴趣。教材项目从企业生产设备提取典型工作任务，配有原理图、安装示意图，学生在操作时直观明了、通俗易懂。

（2）常见的液压与气动元件齐全，重点学习其符号、基本结构和型号命令，更符合企业对人才的需求。

（3）常用的液压与气动控制原则全覆盖。从基本回路任务的学习、安装调试，到综合任务的学习、安装调试，从易到难，充分保障基本知识和基本技能的学习。

（4）控制回路齐全，可操作性强。每个任务可结合实训设备完成实验，同时所设置的任务结合了本地企业的生产设备，包含了液压、气动回路、电气控制回路以及 PLC 控制梯形图，教材不仅有气动、液压回路的操作指导，而且重视电气控制技术的应用，达到液、气、电技术的相互渗透，使学生对照此教材能顺利完成任务。

（5）充分体现新技术的应用，其中对液压、气动设备认识项目，基本液压回路控制，液压基本回路控制，继电器控制项目，PLC 控制项目中的新技术应用重点介绍，更符合企业的实际生产，贴近企业的人才需求，达到培养目标。

全书由孔伶容、陈军担任主编，李伟、谢宝强担任副主编，刘恒聪担任主审，由杨焕、庞铭、余振梅、温献萍编写模块 1、模块 4、模块 5，由陈军、李武光、廖梅煊编写模块 2、模块 3，谢宝强、莫杰森编写模块 6。广西工业职业技术学院唐著和梁海蔡对本书内容及体系提出了很多宝贵的建议，在此对他们表示衷心的感谢。

本书在编写过程中，参考了相关文献和资料，得到有关教师、专家的支持和帮助，在此一并表示衷心感谢！

由于编者水平所限，书中不妥之处，恳请广大读者批评指正。

编 者

2019 年 10 月

目　录

模块 1　液压与气动设备在企业应用情况 ······················· 1

　任务 1.1　认识千斤顶的工作原理 ························· 1

　　1.1.1　任务描述 ······································· 1

　　1.1.2　任务分析 ······································· 1

　　1.1.3　任务实施 ······································· 2

　　1.1.4　知识链接 ······································· 3

　　1.1.5　知识检测 ······································· 9

　任务 1.2　认识压坯机液压系统的工作原理 ··············· 10

　　1.2.1　任务描述 ······································ 10

　　1.2.2　任务分析 ······································ 11

　　1.2.3　任务实施 ······································ 13

　　1.2.4　知识链接 ······································ 14

　　1.2.5　知识检测 ······································ 20

　任务 1.3　认识打包机气动系统 ························· 21

　　1.3.1　任务描述 ······································ 21

　　1.3.2　任务分析 ······································ 22

　　1.3.3　任务实施 ······································ 24

　　1.3.4　知识链接 ······································ 24

　　1.3.5　知识检测 ······································ 26

模块 2　液压传动基本回路 ····························· 28

　任务 2.1　压力控制回路 ······························ 28

　　2.1.1　任务描述 ······································ 28

　　2.1.2　任务分析 ······································ 28

　　2.1.3　任务材料清单 ··································· 29

　　2.1.4　相关知识 ······································ 31

　　2.1.5　工艺要求 ······································ 33

　　2.1.6　任务实施 ······································ 39

　　2.1.7　知识链接 ······································ 41

　　2.1.8　知识检测 ······································ 47

　任务 2.2　速度控制回路 ······························ 48

2.2.1　任务描述 …………………………………………………………… 48

2.2.2　任务分析 …………………………………………………………… 48

2.2.3　任务材料清单 ………………………………………………………… 48

2.2.4　相关知识 …………………………………………………………… 48

2.2.5　工艺要求 …………………………………………………………… 51

2.2.6　任务实施 …………………………………………………………… 53

2.2.7　知识链接 …………………………………………………………… 53

2.2.8　知识检测 …………………………………………………………… 58

任务2.3　方向控制回路 …………………………………………………… 59

2.3.1　任务描述 …………………………………………………………… 59

2.3.2　任务分析 …………………………………………………………… 59

2.3.3　任务材料清单 ………………………………………………………… 59

2.3.4　相关知识 …………………………………………………………… 59

2.3.5　工艺要求 …………………………………………………………… 61

2.3.6　任务实施 …………………………………………………………… 63

2.3.7　知识链接 …………………………………………………………… 64

2.3.8　知识检测 …………………………………………………………… 73

任务2.4　双缸顺序动作回路 ……………………………………………… 74

2.4.1　任务描述 …………………………………………………………… 74

2.4.2　任务分析 …………………………………………………………… 75

2.4.3　任务材料清单 ………………………………………………………… 75

2.4.4　相关知识 …………………………………………………………… 77

2.4.5　工艺要求 …………………………………………………………… 78

2.4.6　任务实施 …………………………………………………………… 79

2.4.7　知识链接 …………………………………………………………… 80

2.4.8　知识检测 …………………………………………………………… 83

模块3　继电器控制的液压传动回路 ……………………………………… 84

任务3.1　继电器控制一个液压缸工作 …………………………………… 84

3.1.1　任务描述 …………………………………………………………… 84

3.1.2　任务分析 …………………………………………………………… 84

3.1.3　任务材料清单 ………………………………………………………… 84

3.1.4　相关知识 …………………………………………………………… 84

3.1.5　工艺要求 …………………………………………………………… 88

3.1.6　任务实施 …………………………………………………………… 90

3.1.7　知识链接 …………………………………………………………… 91

3.1.8　知识检测 …………………………………………………………… 95

任务 3.2　继电器控制两个液压缸顺序工作 ……………………………………… 95
　　3.2.1　任务描述 …………………………………………………………… 96
　　3.2.2　任务分析 …………………………………………………………… 96
　　3.2.3　任务材料清单 ……………………………………………………… 96
　　3.2.4　相关知识 …………………………………………………………… 98
　　3.2.5　工艺要求 …………………………………………………………… 101
　　3.2.6　任务实施 …………………………………………………………… 102
　　3.2.7　知识链接 …………………………………………………………… 103
　　3.2.8　知识检测 …………………………………………………………… 105

任务 3.3　继电器控制多段调速回路 …………………………………………… 105
　　3.3.1　任务描述 …………………………………………………………… 106
　　3.3.2　任务分析 …………………………………………………………… 106
　　3.3.3　任务材料清单 ……………………………………………………… 106
　　3.3.4　相关知识 …………………………………………………………… 109
　　3.3.5　工艺要求 …………………………………………………………… 112
　　3.3.6　任务实施 …………………………………………………………… 113
　　3.3.7　知识链接 …………………………………………………………… 114
　　3.3.8　知识检测 …………………………………………………………… 116

任务 3.4　继电器控制出油节流双程同步回路 ………………………………… 117
　　3.4.1　任务描述 …………………………………………………………… 117
　　3.4.2　任务分析 …………………………………………………………… 117
　　3.4.3　任务材料清单 ……………………………………………………… 117
　　3.4.4　相关知识 …………………………………………………………… 120
　　3.4.5　工艺要求 …………………………………………………………… 122
　　3.4.6　任务实施 …………………………………………………………… 124
　　3.4.7　知识链接 …………………………………………………………… 125
　　3.4.8　知识检测 …………………………………………………………… 127

模块 4　PLC 控制的液压传动回路 ……………………………………………… 129

任务 4.1　制作压坯机液压系统 ………………………………………………… 129
　　4.1.1　任务描述 …………………………………………………………… 129
　　4.1.2　任务分析 …………………………………………………………… 129
　　4.1.3　任务材料清单 ……………………………………………………… 129
　　4.1.4　相关知识 …………………………………………………………… 132
　　4.1.5　工艺要求 …………………………………………………………… 134
　　4.1.6　任务实施 …………………………………………………………… 135
　　4.1.7　知识链接 …………………………………………………………… 137

任务 4.2　制作陶瓷柱塞泵、泥浆泵液压系统 …………………………………… 139

　4.2.1　任务描述 ………………………………………………………………… 140

　4.2.2　任务分析 ………………………………………………………………… 140

　4.2.3　任务材料清单 …………………………………………………………… 140

　4.2.4　相关知识 ………………………………………………………………… 143

　4.2.5　工艺要求 ………………………………………………………………… 145

　4.2.6　任务实施 ………………………………………………………………… 147

　4.2.7　知识链接 ………………………………………………………………… 148

任务 4.3　制作打包机手爪液压系统 …………………………………………… 151

　4.3.1　任务描述 ………………………………………………………………… 151

　4.3.2　任务分析 ………………………………………………………………… 152

　4.3.3　任务材料清单 …………………………………………………………… 152

　4.3.4　相关知识 ………………………………………………………………… 155

　4.3.5　工艺要求 ………………………………………………………………… 157

　4.3.6　任务实施 ………………………………………………………………… 159

　4.3.7　知识链接 ………………………………………………………………… 160

模块 5　气动基本回路 ……………………………………………………………… 162

任务 5.1　压力控制回路 ………………………………………………………… 162

　5.1.1　任务描述 ………………………………………………………………… 162

　5.1.2　任务分析 ………………………………………………………………… 162

　5.1.3　任务材料清单 …………………………………………………………… 163

　5.1.4　相关知识 ………………………………………………………………… 165

　5.1.5　工艺要求 ………………………………………………………………… 166

　5.1.6　任务实施 ………………………………………………………………… 167

　5.1.7　知识链接 ………………………………………………………………… 169

　5.1.8　知识检测 ………………………………………………………………… 173

任务 5.2　方向控制回路 ………………………………………………………… 174

　5.2.1　任务描述 ………………………………………………………………… 175

　5.2.2　任务分析 ………………………………………………………………… 175

　5.2.3　任务材料清单 …………………………………………………………… 175

　5.2.4　相关知识 ………………………………………………………………… 177

　5.2.5　工艺要求 ………………………………………………………………… 177

　5.2.6　任务实施 ………………………………………………………………… 179

　5.2.7　知识链接 ………………………………………………………………… 181

　5.2.8　知识检测 ………………………………………………………………… 186

任务 5.3　速度控制回路 ………………………………………………………… 186

5.3.1　任务描述 ……………………………………………………………………… 187

5.3.2　任务分析 ……………………………………………………………………… 187

5.3.3　任务材料清单 ………………………………………………………………… 187

5.3.4　相关知识 ……………………………………………………………………… 189

5.3.5　工艺要求 ……………………………………………………………………… 192

5.3.6　任务实施 ……………………………………………………………………… 195

5.3.7　知识链接 ……………………………………………………………………… 196

5.3.8　知识检测 ……………………………………………………………………… 199

任务5.4　常见气动回路 …………………………………………………………………… 200

5.4.1　任务一描述 …………………………………………………………………… 200

5.4.2　任务分析 ……………………………………………………………………… 200

5.4.3　任务材料清单 ………………………………………………………………… 201

5.4.4　相关知识 ……………………………………………………………………… 203

5.4.5　工艺要求 ……………………………………………………………………… 205

5.4.6　任务实施 ……………………………………………………………………… 207

5.4.7　任务二描述 …………………………………………………………………… 208

5.4.8　任务分析 ……………………………………………………………………… 209

5.4.9　任务材料清单 ………………………………………………………………… 209

5.4.10　相关知识 ……………………………………………………………………… 211

5.4.11　工艺要求 ……………………………………………………………………… 212

5.4.12　任务实施 ……………………………………………………………………… 214

5.4.13　知识链接 ……………………………………………………………………… 215

5.4.14　知识检测 ……………………………………………………………………… 219

模块6　PLC控制的气动回路 ……………………………………………………………… 220

任务6.1　制作公共汽车的气动开关门系统 ……………………………………………… 220

6.1.1　任务描述 ……………………………………………………………………… 220

6.1.2　任务分析 ……………………………………………………………………… 220

6.1.3　任务材料清单 ………………………………………………………………… 221

6.1.4　相关知识 ……………………………………………………………………… 223

6.1.5　工艺要求 ……………………………………………………………………… 224

6.1.6　任务实施 ……………………………………………………………………… 226

6.1.7　知识链接 ……………………………………………………………………… 228

任务6.2　制作打包机的挡板气动系统 …………………………………………………… 230

6.2.1　任务描述 ……………………………………………………………………… 230

6.2.2　任务分析 ……………………………………………………………………… 231

6.2.3　任务材料清单 ………………………………………………………………… 231

6.2.4 相关知识 ………………………………………………… 232

6.2.5 工艺要求 ………………………………………………… 234

6.2.6 任务实施 ………………………………………………… 236

任务6.3 制作机械手气动系统 ………………………………… 237

6.3.1 任务描述 ………………………………………………… 237

6.3.2 任务分析 ………………………………………………… 237

6.3.3 任务材料清单 …………………………………………… 238

6.3.4 相关知识 ………………………………………………… 239

6.3.5 工艺要求 ………………………………………………… 243

6.3.6 任务实施 ………………………………………………… 244

参考文献 ……………………………………………………………… 246

模块 1　液压与气动设备在企业应用情况

任务 1.1　认识千斤顶的工作原理

项目教学目标

知识目标：

（1）理解液压传动的基本原理；

（2）熟悉液压系统的应用特点。

技能目标：

（1）归纳总结液压系统的主要构成；

（2）会解析液压千斤顶的工作过程。

素质目标：

具有资料检索能力、学习能力和沟通交流能力。

知识目标

1.1.1　任务描述

要认识液压系统，必须从具体实例入手，解析液压系统的工作过程。本任务通过深入观察液压千斤顶的工作过程并进行操作，来探讨液压系统是如何进行能量转换、如何实现执行装置动作要求的。观察液压千斤顶如图 1-1-1 所示的工作过程，在此基础上，归纳总结液压系统的主要构成，熟悉液压传动系统的应用特点。

千斤顶是一种比较简单的起重设备，用刚性顶举件作为工作装置，是通过顶部托座或底部托爪在行程内顶升重物的轻小起重设备。其结构轻巧坚固、灵活可靠，一人即可携带和操作。千斤顶作为一种使用范围广泛的工具，采用了最优质的材料铸造，保证了千斤顶的质量和使用寿命。千斤顶分为机械式和液压式两种，液压千斤顶由于构造简单、重量轻、便于携带，移动方便等特点而得到广泛应用。

1.1.2　任务分析

从图 1-1-1（b）中可以看出，液压千斤顶主要由手动液压泵、大液压缸、油箱、控制阀等组成。液压油被封闭于系统内部，千斤顶随着液压油的流动实现提升等动作。

（1）泵吸油过程。当用手向上提起杠杆手柄 1 时，小活塞就被带动上行，泵体 2 中的密封工作容积增大，这时，由于排油单向阀 3 和放油阀 8 分别关闭了它们各自所在的油路，所以泵体 2 中的工作容积扩大形成了部分真空，在大气压的作用下，油箱中的油液经油管打开吸油单向阀 4 并流入泵体 2 中，完成次吸油动作，如图 1-1-2 所示。

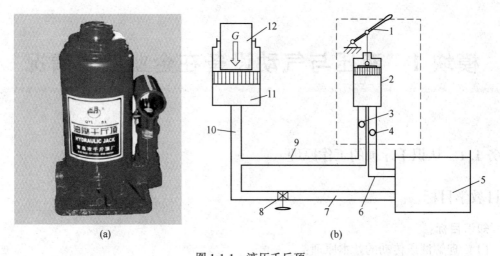

图 1-1-1　液压千斤顶

（a）实物图；（b）结构原理图

1—杠杆手柄；2—泵体（油腔）；3—排油单向阀；4—吸油单向阀；

5—油箱；6，7，9，10—油管；8—放油阀；11—液压缸（油腔）；12—重物

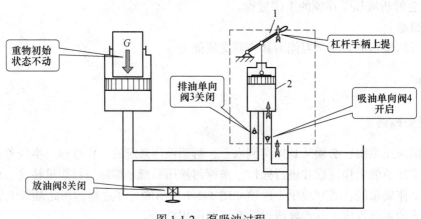

图 1-1-2　泵吸油过程

（2）泵压油和重物举升过程。当压下杠杆手柄 1 时，带动小活塞下移，泵体 2 中的小油腔工作容积减小，便把其中的油液挤出，推开排油单向阀 3（此时吸油单向阀 4 自动关闭了通往油箱的油路），油液便经油管进入液压缸（油腔）11，由于液压缸（油腔）11 也是一个密封的工作容积，所以进入的油液因受挤压而产生的作用力就会推动大活塞上升，并将重物顶起做功，如图 1-1-3 所示。

反复提、压杠杆手柄，就可以使重物不断上升，从而达到起重的目的。

（3）重物落下过程。需要大活塞向下返回时，将放油阀 8 开启（旋转 90°），则在重物自重的作用下，液压缸（油腔）11 中的油液流回油箱 5。大活塞下降到原位，如图 1-1-4 所示。

1.1.3　任务实施

具体实施步骤如下：

（1）在教师的指导下，结合液压千斤顶实物，读懂其结构原理图。

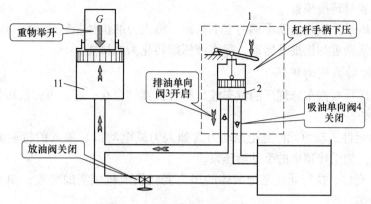

图 1-1-3 泵压油和重物举升过程

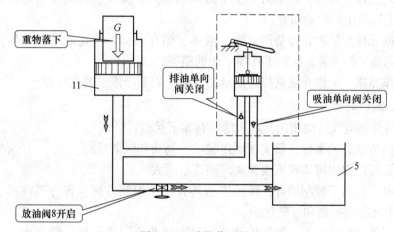

图 1-1-4 重物落下过程

（2）教师示范液压千斤顶的工作过程。

（3）实践并分析液压千斤顶的提升过程和复位过程。

（4）探究提升力和提升速度与哪些因素有关。

（5）归纳液压千斤顶液压系统的构成，完成表 1-1-1。

表 1-1-1 液压系统总结

问题	实现什么动作	动力来源	如何控制物体的提升速度	如何控制上升与下降	物体重量与用力的关系
你的回答					
主要结论					

1.1.4 知识链接

1.1.4.1 液压系统的原理组成及优缺点

A 液压传动工作原理

液压传动是以液体为工作介质，利用液压能进行能量传递和控制的一种传动形式。其实质就是一种能量转换装置。

例如，液压千斤顶是借助手柄的上下摇动，将人力的机械能转化为液压能，液压能借助油液的流动推动重物作提升运动，即将液压能转化为机械能。

B　液压传动系统的组成

把液压千斤顶与汽车修理厂的汽车液压举升机器结合在一起，可将液压传动系统归纳为以下几个部分。

（1）动力元件。动力元件是把原动力（如人力或电动机）输入的机械能转换成液体压力能的装置，如千斤顶中的手动液压泵。

（2）执行元件。执行元件是把液体的压力能转换成机械能的装置，如千斤顶中的支承液压缸。

（3）控制元件。控制元件是对系统中液体的压力、流量和流动方向进行控制和调节的装置，如千斤顶中的放油阀等。

（4）辅助元件。辅助元件是用来输送液体、储存液体、净化流动液体等，以保证系统可靠、稳定地工作的装置，如千斤顶中的油箱等。

（5）工作介质。工作介质是传递能量的液体，如千斤顶中的液压油。

C　液压传动的优点与缺点

与机械传动和电气传动相比，液压传动有如下优点：

（1）液压传动运动平稳，易实现快速起动、制动和频繁换向。

（2）在运行过程中可实现无级调速，调速范围大。

（3）与电气、电子控制结合，液压传动具有操作控制方便、省力等特点，易于实现自动控制、中远距离控制和过载保护。

（4）在同等输出功率下，液压传动装置具有体积小、重量轻、惯性小、动态性能好等特点，如图1-1-5所示。

图1-1-5　液压传动装置

液压传动的缺点如下：

（1）在传动过程中，能量需经过两次转换，传动效率低。

（2）液压传动的工作介质对温度的变化比较敏感，其工作稳定性易受温度变化的影响，不宜在高温和温度变化很大的环境中工作。

（3）液压元件制造精度高，系统出现故障时不易诊断。

1.1.4.2 动力元件

为什么液压油能在管道中流动、液压油能推动液压缸的活塞运动，原因就是液压油具有了压力能，而液压油的能量从液压泵获得；液压泵是液压系统的动力元件，它将原动机（电动机）输入的机械能转换为液体的压力能。液压马达再将液体的压力能转换为机械能。如电动机通电后电动机旋转，向液压马达输入压力油后，液压马达旋转，液压马达可以带动工作机械旋转。

A 液压泵的工作原理

图1-1-6所示为液压泵的工作原理，柱塞2在弹簧4的作用下紧压在偏心轮1上，当电动机带动偏心轮转动时，柱塞2与泵体3形成的密封腔的容积V交替变化。柱塞向右运动时，密封腔的容积V增大，形成局部真空，油箱中的油液在大气的作用下，经单向阀6进入密封腔内实现吸油；反之，当V由大变小时，油液受挤压，经单向阀5压入系统，实现压油。电动机带动偏心轮不断旋转，液压泵就不断地吸油和压油。由此可见，液压泵是通过密封腔的变化来实现吸油和压油的。其排油量的大小取决于密封腔的变化量，因而又称容积泵。

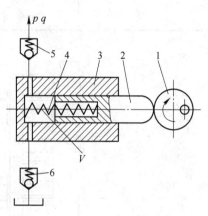

图1-1-6 液压泵工作原理
1—偏心轮；2—柱塞；3—泵体；
4—弹簧；5，6—单向阀

【要点】液压泵正常工作必备的条件是：

（1）具有密封容积；（2）密封容积能交替变化；（3）应有配油装置；（4）吸油时油箱表面与大气相通。

B 液压泵的分类

容积式液压泵的类型很多，通常根据以下几种分类方法进行分类。

（1）按其结构形式的不同可分为齿轮泵、螺杆泵、叶片泵和柱塞泵等。

（2）按其排量能否改变可分为定量泵和变量泵。

（3）按其吸、排油方向能否改变可分为单向泵和双向泵。

（4）按其压力大小分为低压泵（<2.5MPa）、中压泵（2.5~8MPa）、中高压泵（8~16MPa）、高压泵（16~32MPa）和超高压泵（>32MPa）。

液压泵经过组合，可组成双联泵、三联泵等。

C 液压泵的图形符号

液压泵的图形符号见表1-1-2。

D 常用液压泵

a 齿轮泵

齿轮泵有外啮合齿轮泵和内啮合齿轮泵两种结构形式。外啮合齿轮泵结构简单、成本低、抗污及自吸性好，因此广泛应用于低压系统。外啮合齿轮泵的工作原理图如图1-1-7所示。

表 1-1-2 液压泵的图形符号

类　型	图形符号	类　型	图形符号
单项定量泵		双项定量泵	
单项变量泵		双项变量泵	

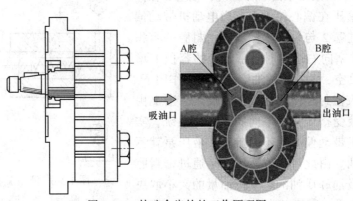

图 1-1-7 外啮合齿轮的工作原理图

齿轮泵是一种容积式回转泵。当一对啮合齿轮中的主动齿轮由电动机带动旋转时，从动齿轮与主动齿轮泵啮合转动。在 A 腔，由于轮齿不断脱开啮合而使容积逐渐增大，形成局部真空，从油箱吸油；随着齿轮的旋转，充满在齿槽内的油被带到 B 腔，B 腔中由于轮齿不断进入啮合而使容积逐渐减小，把油排出。

b　叶片泵

根据工作方式的不同，叶片泵分为单作用式叶片泵和双作用式叶片泵两种。单作用式叶片泵一般为变量泵，双作用式叶片泵一般为定量系。双作用式叶片泵的工作原理如图1-1-8 所示。

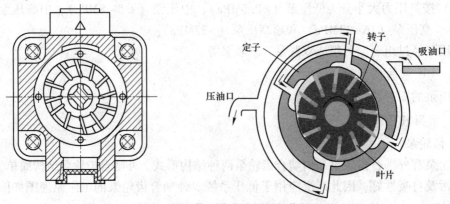

图 1-1-8 双作用式叶片泵的工作原理

双作用式叶片泵的工作原理是：转子旋转时，叶片在离心力和压力油的作用下，尖部紧贴在定子内表面上。这样，两个叶片与转子和定子内表面构成的工作容积，先由小到大吸油，再由大到小排油，叶片旋转一周完成两次吸油和两次排油。

c 柱塞泵

按照柱塞排列方向的不同，柱塞泵分为径向柱塞泵和轴向柱塞泵两种。径向柱塞泵由于其自身的结构特点导致应用受到限制，现已逐渐被轴向柱塞泵代替。

轴向柱塞泵的工作原理如图 1-1-9 所示。

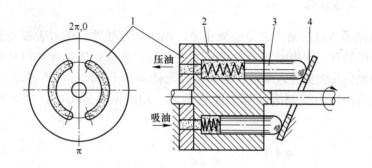

图 1-1-9 轴向柱塞泵的工作原理
1—配流盘；2—缸体；3—柱塞；4—斜盘

轴向柱塞泵是利用与传动轴平行的柱塞在柱塞孔内作往复运动产生的容积变化来进行工作的。柱塞泵由缸体与柱塞构成，柱塞在缸体内作往复运动，在工作容积增大时吸油，在工作容积减小时排油。

E 液压泵的比较与选择

a 液压泵的比较

齿轮泵、叶片泵和柱塞泵具有相同的工作原理。但由于它们在结构上存在很大的差异，因此各自具有不同的特点，其优缺点比较见表 1-1-3。

表 1-1-3 泵的类型优缺点

泵的类型	优 点	缺 点	工作压力
齿轮泵	结构简单，无须配流装置，价格低，工作可靠，维护方便，自吸性好，对油的污染不敏感	易产生震动和噪声，泄漏大，容积效率低，径向液压力不平衡，流量不可调	一般用于低压
叶片泵	输油量均匀，压力脉动小，容积效率高	结构复杂，难加工，叶片易被脏物卡死	一般用于中压
柱塞泵	结构紧凑、径向尺寸小、容积效率高	结构复杂，价格较贵	一般用于高压

b 液压泵的选择

液压泵的选择见表 1-1-4。

表 1-1-4　液压泵的选择

应用场合	液压泵的选择
负载小、功率低的机床设备	齿轮泵或双作用式叶片泵
精度较高的机床（如磨床）	双作用式叶片泵
负载大、功率大的机床（如龙门刨床，拉床等）	柱塞泵
机床辅助装置（如送料机构，夹紧机构等）	齿轮泵

1.1.4.3　液压泵站

图 1-1-10 所示为液压站，它是由液压泵、油箱、过滤器、压力表和溢流阀等液压元件构成的液压源装置。当电动机驱动液压泵旋转后，液压泵通过吸油口从油箱内直接吸油，压油口输出的压力油进入系统，推动执行元件动作，系统回油通过回油管回到油箱。液压泵出口压力由压力控制阀（溢流阀）限定，超过限定压力时，油液经溢流阀流回油箱。

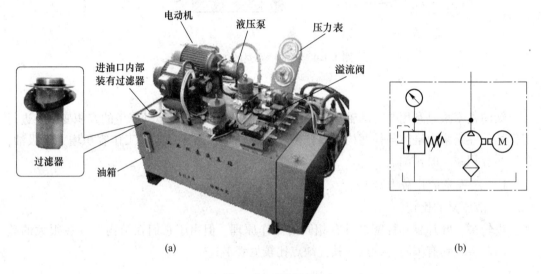

(a)　　　　　　　　　　　　　　　　　(b)

图 1-1-10　液压站

（a）实物图；（b）图形符号

1.1.4.4　液压马达

（1）液压马达的功用。将液体的压力能转换为旋转形式的机械能而对负载做功。

（2）液压马达的分类：

1）按照结构不同：齿轮式、叶片式、柱塞式。

2）按照转速：高速、低速。

（3）叶片式液压马达的工作原理，如图 1-1-11 所示。当压力油通入压油腔后，在叶片 1、3（或 5、7）上，一面作用有压力油，另一面则为无压力油，由于叶片 1、5 受力面积大于叶片 3、7，从而由叶片受力构成的力矩推动转子和叶片作顺时针方向转动。

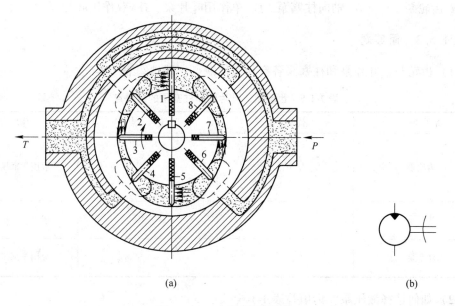

(a)　　　　　　　　　　　　　　(b)

图 1-1-11　叶片式液压马达

(a) 结构图；(b) 图形符号

1.1.5　知识检测

1.1.5.1　填空题

(1) 液压系统由 (　　　)、(　　　)、(　　　)、(　　　) 和 (　　　) 五部分组成。

(2) 图 1-1-1 中液压千斤顶的小缸将 (　　　) 转换 (　　　)。

(3) 液压泵按结构式可分为 (　　　)、(　　　)、(　　　) 三大类。

(4) 液压泵正常工作必备的条件是 (　　　)；(　　　)；(　　　)；(　　　)。

1.1.5.2　选择题

(1) 液压传动是利用 (　　) 来传递力和运动。

A. 固体　　　　　B. 液体　　　　　C. 气体　　　　　D. 绝缘体

(2) 在液压系统组成中液压缸是 (　　)。

A. 动力元件　　B. 执行元件　　C. 控制调节元件　　D. 传动元件

(3) 图 1-1-1 所示液压千斤顶重物上升的速度取决于 (　　)。

A. 重物的大小　　　　　　　B. 杠杆上作用力 F 的大小

C. 单位时间杠杆上下作用的次数　D. 重物和杠杆上作用力 F 的大小

(4) 齿轮泵压油腔泄漏的主要途径是 (　　)。

A. 径向间隙　　B. 轴向间隙　　C. 两齿轮啮合处

(5) 在大功率工程机械的液压系统中常采用的液压泵是 (　　)。

A. 齿轮泵　　　B. 轴向柱塞泵　C. 单作用叶片泵　D. 双作用叶片泵

1.1.5.3　简答题

(1) 齿轮泵、叶片泵和柱塞泵各有什么优缺点？请填写表 1-1-5。

表 1-1-5　齿轮泵、叶片泵和柱塞泵的优缺点

泵的类型	优　　点	缺　　点	工作压力
齿轮泵			一般用于低压
叶片泵			一般用于中压
柱塞泵			一般用于高压

(2) 如何选择液压泵？请填写表 1-1-6。

表 1-1-6　液压泵的选择

应用场合	
负载小、功率低的机床设备	
精度较高的机床（如磨床）	
负载大、功率大的机床（如龙门刨床，拉床等）	
机床辅助装置（如送料机构，夹紧机构等）	

任务 1.2　认识压坯机液压系统的工作原理

项目教学目标

知识目标：

(1) 了解液压缸的结构特点及工作特性；
(2) 了解液压辅助元件的应用。

技能目标：

(1) 会归纳总结四柱万能液压机液压系统的主要构成；
(2) 能根据具体实际工况选用合适的辅助元件。

素质目标：

具有资料检索能力、学习能力和沟通交流能力。

知识目标

1.2.1　任务描述

液压压坯机是一种可用于加工金属、塑料、木材、皮革、橡胶等各种材料的压力加工

机床，能完成锻压、冲压、冷挤、校直、弯曲、成形、打包等多种工艺，具有压力和速度可大范围无级调整，可在任意位置输出全部功率和保持所有压力等许多优点，因而用途十分广泛。

　　四柱万能液压机是一种常用的液压压坯机，是利用静压力来加工各种工程材料制品的常用机械设备。根据液压机控制系统的不同，液压机可分为三种：（1）采用传统继电器控制系统的液压机，这类液压机接线复杂、故障率高、可靠性差；（2）采用可编程控制器（PLC）控制系统的液压机，此类液压机由于应用了 PLC 控制技术，从而使得液压机的加工效率、可靠性提高到了一个新的水平；（3）应用高级微处理器或工业控制计算机的高性能液压机，此类液压机的整机性能和生产效率较前两种有较大提高，但此类液压机价格昂贵，目前在国内设计、生产和应用较少。

　　国内目前生产的 YB32-200 型四柱万能液压机的主要参数一般为：公称力 2000kN，回程力 500kN，顶出力 400kN，顶出回程力 250kN，滑块行程 700mm，顶出行程 250mn；其电气控制系统有继电器控制和 PLC 控制两种，有调整（点动动作）、手动及半自动三种操作方式，可实现定压和定程两种工艺方式。

　　如图 1-2-1 所示，四柱万能液压机这种压力机由 4 个导向立柱、上下横梁和滑块组成，在上下横梁中安置着上下两个液压缸，上缸为主液压缸，下缸为顶出缸。

图 1-2-1　四柱万能液压机

　　液压机要求液压系统完成的主要动作是：主液压缸驱动滑块快速下行、慢速加压、保压延时、快速返回及在任意点停止；顶出缸的顶出、退回等。在做薄板拉伸时，有时还需要利用顶出液压缸将坯料压紧，以防止周边起皱。这时顶出液压缸下腔需保持一定的压力并随主缸一起下行。

　　从图 1-2-2 可以看出，这是一个比较复杂完整的液压系统。系统中运用了许多液压专业知识，会在后面任务中一一了解。本任务主要是让大家对液压系统有个初步的认识。

1.2.2　任务分析

　　从图 1-2-2 中可以看出，系统中有两个泵：主泵 1 是一个高压、大流量恒功率（压力补偿）变量泵，由远程调压阀 5 调定；辅助泵 2 是一个低压小流量的定量泵，主要用以供给电液阀的控制油液，其压力由溢流阀 3 调整。

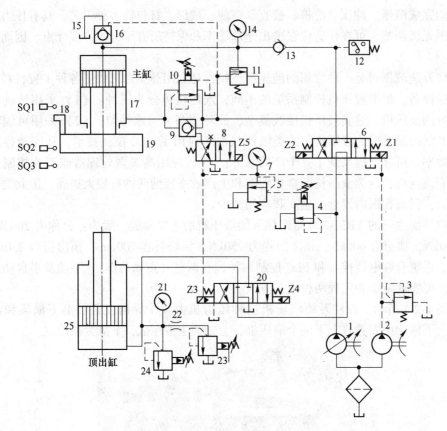

图 1-2-2　四柱万能液压机液压系统

1—柱塞泵；2—辅助泵；3—溢流阀；5—远程调压阀；4，23，24—先导式溢流阀；6，20—电液换向阀；
7，14，21—压力表；8—电磁换向阀；9—液控单向阀；10—平衡阀；11—卸荷阀；12—压力继电器；13—单向阀；
15—充液箱；16—充液阀；17—主缸；18—挡铁；19—上滑块；20—节流阀；22—节流阀；25—顶出缸

1.2.2.1　主缸运动

A　快速下行

按下起动按钮，电磁铁 Z1、Z5 通电吸合。低压控制油使电液阀 6 切换至右位，同时经阀 8 使液控单向阀 9 打开。泵 1 供油经阀 6 右位、单向阀 13 至主缸 16 上腔，而主缸下腔经液控单向阀 9、阀 6 右位、阀 21 中位回油。此时主缸滑块 22 在自重作用下快速下降，泵 1 虽为最大流量，但还不足以补充主缸上腔空出的容积，因而上腔形成局部真空，置于液压缸顶部的充液箱 15 内的油液在大气压及油位作用下，经液控单向阀 14（充液阀）进入主缸上腔。

B　慢速接近工件、加压

当主缸滑块 22 上的挡铁 23 压下行程开关 SQ2 时，电磁铁 5YA 断电，阀 8 处于常态位，阀 9 关闭。主缸回油经背压（平衡）阀 10、阀 6 右位、阀 21 中位至油箱。由于回油路上有背压力，滑块单靠自重就不能下降，由泵 1 供给的压力油使之下行，速度减慢。这时主缸上腔压力升高，充液阀 14 关闭，来自泵 1 的压力油推动活塞使滑块慢速接近工件，当主缸活塞的滑块抵住工件后，阻力急剧增加，上腔油压进一步提高，变量泵1的排油量自动减小，主缸活塞以极慢的速度对工件加压。

C　保压

当主缸上腔的油压达到预定值时，压力继电器12发出信号，使电磁铁Z1断电，阀6回复中位，将主缸上下油腔封闭。同时泵1的流量经阀6、阀21的中位卸荷。单向阀13保证了主缸上腔良好的密封性，主缸上腔保持高压。保压时间可由压力继电器12控制的时间继电器调整。

D　泄压、快速回程

保压过程结束，时间继电器发出信号，使电磁铁Z2通电（当定程压制成型时，可由行程开关SQ3发信号），主缸处于回程状态。但由于液压机的油压高，且主缸的直径大、行程长，缸内液体在加压过程中受到压缩而储存相当大的能量，如果此时上腔立即与回油相通，缸内液体积蓄的能量突然释放出来，产生液压冲压，造成机器和管路的剧烈振动，发出很大的噪声，为此，保压后必须先泄压然后再回程。

当电液换向阀6切换至左位后，主缸上腔还未泄压，压力很高，卸荷阀11（带阻尼孔）呈开启状态，主泵1的油经阀6左位、阀11回油箱。这时主泵1在低压下运转，此压力不足以打开液控单向阀14的主阀芯，但能打开阀14中的卸载小阀芯，主缸上腔的高压油经此卸载小阀芯的开口而泄回充液箱15，压力逐渐降低。这一过程持续到主缸上腔压力降至较低值时，卸荷阀11关闭，泵1的供油压力升高，推开液控单向阀14的主阀芯，此时泵1的压力油经阀6左位、液控单向阀9进入主缸下腔，而主缸上腔油液经阀14回油至充液箱15，实现主缸快速回程。

E　停止

当主缸滑块上的挡铁23压下行程开关SQ1时，电磁铁Z2断电，主缸活塞被中位为M机能的阀6锁紧而停止运动，回程结束。此时泵1油液经阀6、阀21回油箱，泵处于卸荷状态。实际使用中，主缸随时都可处于停止状态。

1.2.2.2　顶出缸运动

顶出缸17只是在主缸停止运动时才能动作。由于压力油先经过电液阀6后才进入控制顶出缸运动的电液阀21，也即电液阀6处于中位时，才有油通向顶出缸，实现主缸和顶出缸的运动互锁。

（1）顶出。按下顶出按钮，Z3通电吸合，压力油出泵1经阀6中位、阀21左位进入顶出缸下腔，上腔油液则经阀21回油，活塞上升。

（2）退回。Z3断电，Z4通电吸合时，油路换向，顶出缸的活塞下降。

1.2.3　任务实施

具体实施步骤如下：

（1）在教师的引导下，结合四柱万能液压机视频，了解四柱万能液压机的工作过程。

（2）教师根据四柱万能液压机的液压系统图，分析其如何实现液压机的工作过程。

（3）归纳总结四柱万能液压机液压系统的构成。

1.2.4　知识链接

1.2.4.1　液压缸

液压缸根据其结构特点可分为活塞式液压缸、柱塞式液压缸和摆动式液压缸三大类。其中活塞缸和柱塞缸用以实现直线运动，摆动缸用以实现小于 360°的转动。液压缸根据其作用方式可分为单作用液压缸和双作用液压缸两大类。单作用液压缸只有一个方向的运动由液压力推动，而反向运动靠外力（弹簧力、重力等）实现；双作用液压缸正反两方向的运动都是利用液压力推动的。

A　活塞式液压缸

a　双作用式单活塞杆

双作用式单活塞杆液压缸有空心和实心两种结构。如图 1-2-3 所示，实心单活塞杆液压缸主要由活塞、活塞杆、缸体、端盖及密封圈等组成。当压力油流入无杆腔，有杆腔回油时，活塞杆伸出。当压力油流入有杆腔，无杆腔回油时，活塞杆缩回，如图 1-2-4 所示。

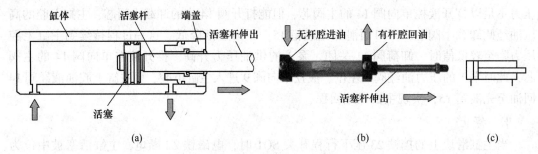

图 1-2-3　双作用式单活塞杆液压缸伸出时的结构示意图
（a）结构示意图；（b）实物图；（c）符号

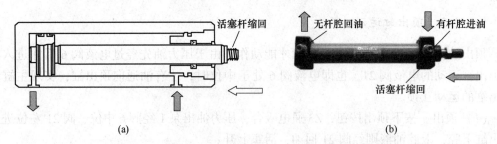

图 1-2-4　双作用式单活塞杆液压缸缩回时的结构示意图
（a）结构示意图；（b）实物图

（1）特点。活塞的一端有杆，而另一端无杆，活塞两端的有效作用面积不等。

（2）用途。实现机床的较大负载、慢速工作进给和空载时的快速退回。

b　双作用式双活塞杆

图 1-2-5 所示为双作用式双活塞杆液压缸原理图，其活塞的两侧都有伸出杆。

（1）特点。因两腔面积相等；压力相同时，推力相等，流量相同时，速度相等。即

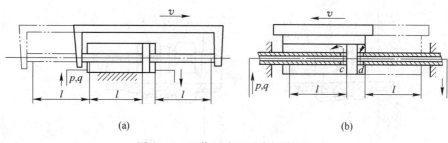

图 1-2-5 双作用式双活塞杆液压缸
（a）缸体固定式；（b）活塞杆固定式

具有等推力等速度特性。

（2）应用。常用于往复运动速度和负载相同的场合，如磨床。

如图 1-2-5 所示缸体固定式工作台的运动范围大于有效行程 3 倍，一般适用于行程短或小型液压设备。活塞杆固定式工作台的运动范围略大于有效行程的 2 倍，所以工作台运动时所占空间面积较小，适用于行程长的大、中型液压设备。

1.2.4.2 辅助元件

液压系统中的辅助元件包括油管、滤油器、蓄能器、油箱、密封件等，这些元件结构简单，但对于液压系统的工作性能、噪声、温升、可靠性等有直接的影响。如滤油器功用就是过滤油液中的杂质，根据统计，液压系统的故障有 75% 以上是由于油液不洁净造成的，正确使用和维护滤油器，就可以减少液压系统的故障发生，保证系统正常工作。

A 油管

油管用于在液压系统中输送油液，液压系统中常用的油管有钢管、铜管、橡胶软管、尼龙管、塑料管等多种类型。需根据安装位置、工作压力来选用。图 1-2-6 所示有两种油管。

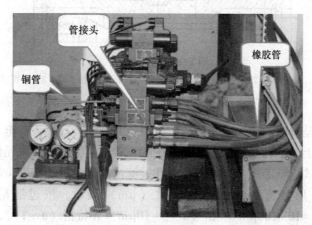

图 1-2-6 油管

B 管接头

管接头用于油管与油管、油管与元件之间的连接件。

管接头的形式常用的几种如图 1-2-7 所示。

在经常需要装拆处，常用快速接头，如图 1-2-8 所示。

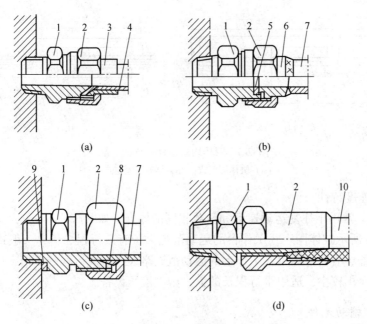

图 1-2-7　管接头

（a）扩口式；（b）焊接式；（c）卡套式；（d）扣压式

1—接头体；2—螺母；3—套；4—扩口薄管；5—密封垫；6—接管；

7—钢管；8—卡套；9—组合密封垫；10—橡胶软管

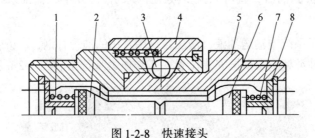

图 1-2-8　快速接头

1，7—弹簧；2，6—阀芯；3—钢球；4—外套；5—接头体；8—弹簧座

C　过滤器

滤油器的功用是清除油液中的各种杂质，以免其划伤、磨损，甚至卡死有相对运动的元件，或堵塞零件上的小孔及缝隙，影响系统的正常工作，降低液压元件的寿命。过滤器可分为网式、线隙式、纸芯式、烧结式及磁性过滤油器等。过滤精度指滤油器滤除杂质的最小颗粒的大小，以其直径 d 的公称尺寸（μm）表示。按过滤精度分为粗（$d \geqslant 100\mu m$）、普通（$d \approx 10 \sim 100\mu m$）、精（$d \approx 5 \sim 10\mu m$）和特精（$d \approx 1 \sim 5\mu m$）四个等级。

过滤器的基本要求：

（1）有适当的过滤精度；

（2）有足够的过滤能力；

（3）有一定的机械强度。

过滤的类型有网式过滤器、线隙式过滤器、纸芯式过滤器、烧结式过滤器和磁性过滤器。图 1-2-9 所示为网式过滤器，它是一种常用过滤器，通常安装在液压泵的吸油口处，起滤除油中杂质的作用，其结构主要由上盖、圆筒、铜网及下盖等组成。

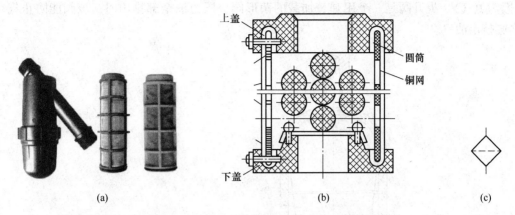

图 1-2-9　网式过滤器实物图、结构示意图及其符号
(a) 实物图；(b) 结构示意图；(c) 图形符号

过滤器的安装位置：

(1) 安装在液压泵的吸油管路；

(2) 安装在压油管路上；

(3) 安装在回油路；

(4) 滤油器旁路安装；

(5) 为独立的过滤系统。

图 1-2-10 为常用的安装位置。

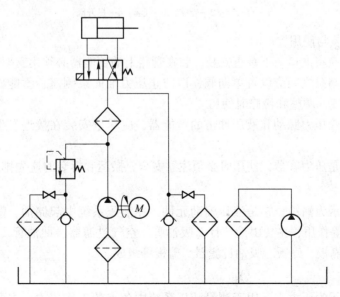

图 1-2-10　过滤器安装位置

D　蓄能器

蓄能器是液压系统中的储能元件，它储存液体的压力能，并在需要时释放出来供给系

统。蓄能器有活塞式和气囊式两种，以气囊式蓄能器最为常用。图 1-2-11 所示为气囊式蓄能器，气囊 3 用耐油橡胶制成，固定在耐高压壳体 2 的上部，气体由充气阀充入气囊内（一般为氮气）。提升阀是一个用弹簧加载的菌形阀，压力油全部排出时，该阀能防止气囊膨胀挤出油口。

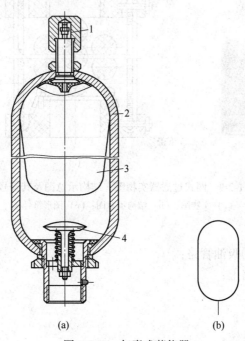

图 1-2-11　气囊式蓄能器
（a）结构图；（b）图形符号
1—充气阀；2—壳体；3—气囊；4—提升阀

蓄能器的安装与使用：

（1）蓄能器应将油口向下垂直安装，装在管路上的蓄能器必须用支架固定。

（2）蓄能器与泵之间应设置单向阀，以防止压力油向泵倒流；蓄能器与系统之间应设截止阀，供充气、调整和检修时使用。

（3）用于吸收压力脉动和液压冲击的蓄能器，应尽量安装在接近发生压力脉动或液压冲击的部位。

（4）蓄能器是压力容器，使用时必须注意安全，搬运和拆装时应先排出压缩气体。

E　油箱

图 1-2-12 所示为油箱，它是液压辅助元件，在液压系统中起储油、散热、分离油中气泡和沉淀杂质等作用，主要由液位计、吸油管、空气过滤器、回油管、侧板、入孔盖、放油塞、地脚、隔板、底板、吸油过滤器、盖板等组成。

F　压力表

图 1-2-13 所示为压力表，用于测量液压系统中各点的工作压力，主要由弹簧管、放大机构、指示器及基座等组成。当压力油从下部油口进入弹簧管后，弹簧管在油液压力的作用下变形伸张，再由表内传动放大机构将变形量放大并引起指针转动来显示压力的大小。

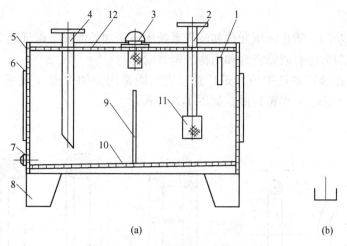

(a)   (b)

图 1-2-12 油箱的结构示意图及符号

（a）结构示意图；（b）图形符号

1—液位计；2—吸油管；3—空气过滤器；4—回油管；5—侧板；6—人孔盖；7—放油塞；
8—脚；9—隔板；10—底板；11—吸油过滤器；12—盖板

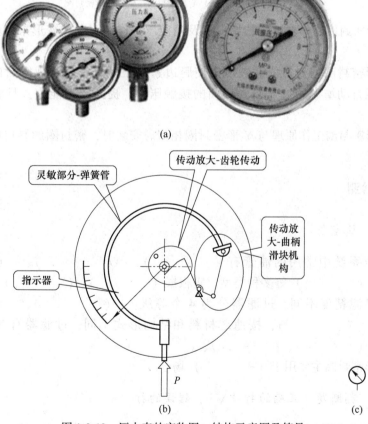

(a)

(b)   (c)

图 1-2-13 压力表的实物图、结构示意图及符号

（a）实物图；（b）结构示意图；（c）图形符号

G　密封装置

密封装置的功用是防止液压元件和液压系统中液压油的泄漏，保证建立起必要的工作压力。常用的密封方法有间隙密封和用橡胶密封圈密封。

密封圈密封在液压系统中应用最广泛。密封圈常用耐油橡胶（或尼龙）压制而成，常用的有O形、Y形、V形密封圈。如图1-2-14所示。

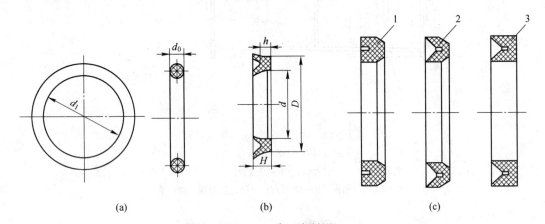

图1-2-14　常用密封圈

(a) O形密封圈；(b) Y形密封圈；(c) V形密封圈

（1）O形密封圈是靠橡胶的初始变形及油液压力作用引起的变形来消除间隙而实现密封。

（2）Y形密封圈，它是依靠液压力使唇边紧贴于密封表面实现密封的，因此，随着压力增大能自动增大唇边与密封表面的接触压力，提高密封能力，且磨损后能自动补偿。

（3）V形密封圈工作原理与Y形密封圈相似。安装时，密封圈的唇口应面向压力高的一侧。

1.2.5　知识检测

1.2.5.1　填空题

（1）液压系统中常用的油管有（　　　　）、（　　　　）、（　　　　）、（　　　　）、（　　　　）等多种类型。需根据（　　　　）、（　　　　）来正确选用。

（2）按过滤精度不同，过滤器分为4个等级：（　　　　）、（　　　　）、（　　　　）、（　　　　），按滤芯材料和结构形式不同，过滤器有（　　　　）、（　　　　）、（　　　　）、（　　　　）。

（3）V形密封圈主要用于（　　　　）场合。

1.2.5.2　判断题（正确的打"√"，错误的打"×"）

（1）在安装线隙式过滤器、纸芯式过滤器和烧结式过滤器时，油液由滤芯内向外流出时得到过滤。　　　　　　　　　　　　　　　　　　　　　　　　　　　　（　　）

（2）过滤器堵塞发信号装置是根据过滤器进出口的压差发出信号的。　　（　　）

（3）装配 Y 形密封圈时，其唇边应对着无油压力的油腔。　　（　　）

（4）蓄能器是压力容器，搬运和拆装时应先将充气阀打开，排出气体，以免因振动或碰撞发生事故。　　（　　）

（5）过滤器只能安装在进油路上，即安装在泵的进口处。　　（　　）

1.2.5.3　简答题

（1）蓄能器的安装与使用应注意哪些事项？

（2）密封圈常用的有哪些，各有什么特点？

任务 1.3　认识打包机气动系统

项目教学目标

知识目标：

（1）掌握气压传动的组成；

（2）了解气压传动的应用特点。

技能目标：

（1）会归纳总结气压系统的主要构成；

（2）能描述打包机气压系统的主要工作过程。

素质目标：

具有资料检索能力、学习能力和沟通交流能力。

知识目标

1.3.1　任务描述

近年来，随着我国企业现代化水平的提高，企业逐渐摆脱手工和半手工打包操作状态，开始采用高效、自动的装箱方式，显著提高了生产效率。其中打包机是整个包装系统的核心设备，近年来在啤酒、饮料、烟草、制药、粮油、食品加工、日化以及机械、电子行业领域应用越来越普遍。

打包机是一种将无包装的产品或者小包装的产品半自动或者自动装入运输包装的一种设备，其工作原理是将产品按一定排列方式和定量装入箱中（瓦楞纸箱、塑料箱和托盘），并把箱的开口部分闭合或封牢。按照装箱机的要求，它应具有纸箱成形（或打开纸箱）、计量、装箱的功能，有些还配有封口或者捆扎功能。其基本要求是能够实现：拾取箱板→箱子成型→底部折边→箱体传送→产品收集及装箱的过程。在实际操作过程中，拾取箱板、箱子成型及底部折边按先后顺序进行，从而完成箱子的成型。瓶子、罐等刚性包装经过收集和整理，由打包机的抓手按一定的数量抓住后直接装入纸箱、塑料箱或者托盘内。如果纸箱内有隔板，则装箱机装箱的精度要求更高。软包装产品的装箱一般采取箱子成型和物料收集及填充同时进行的方式，这样可以提高装箱速度。自动装箱机配备了封箱和捆扎等辅助设备，自动进行封箱和捆扎，完成最后的工序。

图 1-3-1 所示为饮料瓶打包机。

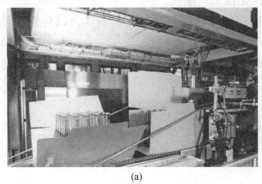 

(a)　　　　　　　　　　　　　　　　(b)

图 1-3-1　饮料瓶打包机

(a) 纸箱折边；(b) 纸箱打包

1.3.2　任务分析

例如，香皂打包机气动系统如图 1-3-2 所示，图 1-3-2 (a) 为设备示意，图 1-3-2 (b) 为气动系统。

(1) 气动系统工作原理。该打包机的作用是将每 480 块香皂装入一个纸箱内，装箱的全部动作由托箱气缸 A、装箱气缸 B、托皂气缸 C 和计数气缸 D 这 4 只气缸完成。前 3 只气缸都是普通的双作用气缸，但计数气缸是个单作用气缸，且它的气源由托皂气缸直接供给，气压推动活塞返回，活塞的伸出靠弹簧作用来实现。

(2) 气动系统工作可分析为：首先，人工把纸箱套在装箱框上，触动行程开关 7，使运输带的电路接通，运输带将香皂运送过来。这样，香皂排列在托皂板上，每排满 12 块，就碰到行程开关 1，使运输带停止转动，同时电磁铁 Z1 通电，托皂气缸将托皂板托起，使香皂通过搁皂板后就搁在搁皂板上（搁皂板只能向上翻，不能向下翻）。这时行程开关 1 已被松开，运输带就继续运送上香皂，如此每满 12 块，托皂缸就上下一次，并通过计数气缸将棘轮转过一齿。棘轮圆周上共有 40 个齿。

在棘轮同一轴上还有两个凸轮 11、12，凸轮 11 有 4 个缺口，凸轮 12 有两个缺口，凸轮的圆周各压住一个行程开关。托皂板每升起 10 次，棘轮就转过 10 个齿，这时行程开关 3 刚好落入凸轮 11 的缺口而松开。由此发出的信号使电磁铁 3YA 通电，装箱气缸 B 推动装箱板，将叠成 10 层的一摞 120 块香皂推到装箱台上。推动的距离由行程开关 9 位置决定。当装箱气缸活塞杆上的挡板 13 碰到行程开关 9 时，气缸就退回。

当托皂缸上下 20 次后，装皂台上就存有两摞 240 块香皂，这时凸轮 12 上的缺口正好对正行程开关 8，它发出信号，一方面使行程开关 9 断开，同时又将电磁铁 Z3 再次接通，因此装箱气缸再次前进，直到其活塞杆上的挡板碰到行程开关 6 才退回。此时，电磁铁 Z5 接通，托箱缸活塞杆伸出，使托板托住箱底。此后，又复前述过程，直到将四摞 480 块香皂都通过装箱框装进纸箱内，这时托板又起来托住箱底，将装有香皂的纸箱送到运输带上，再由人工贴上封箱条，至此完成一次循环操作。

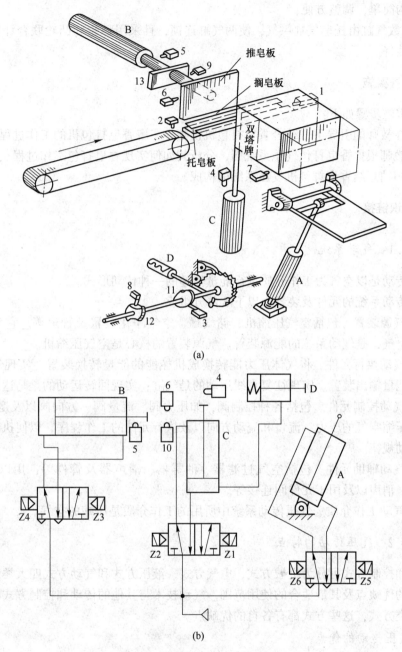

图 1-3-2 香皂打包机气动系统

（a）设备示意图；（b）气动系统

A—托箱气缸；B—装箱气缸；C—托皂气缸；D—计数气缸

1~10—行程开关；11，12—凸轮；13—挡板

（3）气动系统具有如下特点：

1）系统采用凸轮与行程开关相结合的机电控制，来实现气缸的顺序动作，既可任意调整气缸的行程，动作又可靠；

2）三只动作气缸均采用二位五通电磁阀作为主控阀，各行程信号由行程开关取得，使系统结构简单，调整方便；

3）计数气缸由托皂气缸供气，使两气缸连锁，且采用棘轮和凸轮联合计数，计数准确，可靠性好。

1.3.3　任务实施

具体实施步骤如下：

（1）在教师的引导下，结合香皂打包机视频，了解香皂打包机的工作过程。

（2）教师根据香皂打包气压系统图，分析其如何实现香皂打包工作过程。

（3）归纳总结香皂打包机气压系统的构成。

1.3.4　知识链接

1.3.4.1　气动系统

气压传动是以空气为工作介质进行能量传递的一种传动形式。

气压传动系统的元件及装置由以下5部分组成：

（1）气源装置。包括空气压缩机、储气罐、空气净化装置及管道等。它为气动设备提供压缩空气，是气动系统的能源装置。气源装置的核心是空气压缩机。

（2）气动执行元件。将气体压力能转换成机械能的能量转换装置，实现气动系统对外做功的能量输出装置。实现往复直线运动的是气缸；实现回转运动的是马达。

（3）气动控制元件。包括各种控制阀，如压力阀、流量阀、方向阀以及逻辑元件等，用来控制压缩空气的压力、流量和流动方向以及执行元件的工作程序，以使执行元件完成预定的运动规律。

（4）气动辅助元件。包括空气过滤器、油雾器、消声器及管件等，用以压缩空气、净化润滑、消声以及用于元件间连接等。

（5）气动工作介质。气压传动系统中所用的工作介质是压缩的空气。

1.3.4.2　气压传动的特点

传动和控制方式可分为机械方式、电气方式、液压方式和气动方式四大类。这些方式都有各自的优缺点及其最适合的使用范围。气动技术与其他的传动和控制方式相比，其主要有四大类方式，这些方式都有各自的优缺点。

A　气压传动的优点

（1）工作介质是空气，来源方便，使用后直接排入大气，处理方便，不污染环境。

（2）空气的黏性很小，在管路中流动使压力损失远小于液压系统，适用于远距离传输和集中供气。

（3）气压传动反应快，动作迅速（一般仅需 0.02~0.03s 即可建立起压力和速度），维护方便，管路不易堵塞，且没有介质变质、补充和更换等问题。

（4）工作环境适应性好。特别是在易燃、易爆、多尘埃、强磁、强振、潮湿、强辐射和温度变化大的恶劣环境中，工作安全可靠性优于液压、电子和电气系统。

（5）气压传动系统能够实现过载自动保护。

（6）气动元件的结构简单，制造容易、精度低：降低了成本。适于标准化、系列化和通用化。

B 气压传动的缺点

（1）空气具有可压缩性，当负载变化时传动效率低。

（2）气动系统的工作压力低，气动装置的体积大，但产生的推力小，传动效率低。

（3）气压传动系统中，空气传递信号的速度限制在声速范围内，工作效率和响应速度远不如电子装置，并且信号会产生较大的失真和延迟，不宜用在高速传递的负载回路中。

（4）因空气无润滑性能，故在气路中要另设润滑装置。

（5）气压传动系统有较大的排气噪声，工作时需加消声器。

1.3.4.3 气压传动系统的应用及发展

A 气压传动系统在工业中的应用

气动技术用于简单的机械操作中已有相当长的时间了，最近几年随着气动自动化技术的发展，气动技术起到了重要的作用。

气动自动化控制技术是利用压缩空气作为传递动力或信号的工作介质，配合气动控制系统的主要气动元件，与机械、液压、电气、电子（包括 PLC 控制器和微机）等部分或全部综合构成的控制回路，使气动元件按工艺要求的工作状况，自动按设定的顺序或条件动作的一种自动化技术。用气动自动化控制技术实现生产过程自动化，是工业自动化的一种重要技术手段，也是一种低成本自动化技术。

气动技术在工业中的应用如下：

（1）物料输送装置。夹紧、传送、定位、定向和物料流分配。

（2）一般应用。包装、填充、测量、锁紧、轴的驱动、物料输送、零件转向及翻转、零件分拣、元件堆垛、元件冲压或模压标记和门控制。

（3）物料加工。钻削、车削、铣削、锯削、磨削和光整。

图 1-3-3 所示为气动机械手。

B 气动技术的发展简况

气压传动技术自 20 世纪 60 年代以来发展很快，作为实现工业自动化的一种有效手段，引起各国技术人员的普遍重视。随着工业的发展，它的应用范围也日益扩大，主要表现为以下三点：

（1）模块化和集成化。气动系统的最大优点之一是单独元件的组合能力强，无论是各种不同大小的控制器还是不同功率的控制元件，在一定应用条件下，都具有随意组合性。随着气动技术的发展，元件正从单元功能性向多功能系统通用化模块方向发展，并具有向上或向下的兼容性。

（2）功能增强及体积缩小。小型气动元件，如气缸及阀类已应用于许多工业领域。微型气动元件不但用于精密机械加工及电子制造业，而且用于制药业、医疗技术、包装技术等领域。在这些领域中，已经出现活塞直径小于 2.5mm 的气缸、宽度为 10mm 的气阀及相关的辅助元件，并正在向微型化和系列化方向发展。

（3）智能气动。智能气动是指具有集成微处理器，并具有处理指令和程序控制功能

图 1-3-3 气动机械手

的元件或单元。最典型的智能气动是内置可编程控制器的阀岛，以阀岛和现场总线技术的结合实现的气电体化是目前气动技术的一个发展方向。

1.3.4.4 气压传动与液压传动的比较

气压传动和液压传动的工作原理和基本回路是相同的，但介质不同，气压传动采用的介质是空气，液压传动采用的介质是液压油，因此，气压传动和液压传动在性质上存在一定差别，见表 1-3-1。

表 1-3-1 气压传动与液压传动的比较

比较项目	气压传动	液压传动
负载变化对传动的影响	影响较大	影响较小
润滑方式	需设置润滑装置	介质为液压油，可直接润滑，不需要设置润滑装置
速度反应	速度反应较快	速度反应较慢
系统结构	结构简单，制造方便	结构复杂，制造相对较难
产生的总推力	具有中等推力	能产生大推力
维护	维护简单	维护复杂，排除故障困难
噪声	噪声大	噪声较小

1.3.5 知识检测

简答题：

(1) 简述气压传动系统由哪几部分组成。

（2）简述气压传动与液压传动的区别，并完成表 1-3-2。

表 1-3-2　气压传动与液压传动的区别

比较项目		
负载变化对传动的影响		
润滑方式		
速度反应		
系统结构		
产生的总推力		
维护		
噪声		

模块 2　液压传动基本回路

任务 2.1　压力控制回路

项目教学目标

知识目标：

(1) 掌握压力控制阀的基础原理；

(2) 掌握压力控制回路的特点和应用。

技能目标：

(1) 能正确选用压力控制阀；

(2) 能根据任务要求，设计和调试简单压力控制回路的能力。

素质目标：

(1) 遵守现场操作的职业规范，具备安全、整洁、规范实施工作任务的能力；

(2) 具有良好的职业道德和职业责任感；

(3) 具有资料检索能力、学习能力、表达能力、团队交流协作能力；

(4) 具有不断开拓创新的意识。

知识目标

2.1.1　任务描述

稳定的工作压力是保证系统正常工作的前提条件。同时一旦液压传动系统过载，若无有效的卸荷措施的话，就会使液压传动系统中的液压泵处于过载状态，很容易发生损坏，液压传动系统中的其他元件也会因超过自身的额定工作压力而损坏。因此，液压传动系统必须能有效地控制系统压力，而担负此项任务的就是压力控制阀。

在液压传动系统中控制油液压力的阀称为压力控制阀，简称压力阀。常用的压力阀有溢流阀、减压阀和顺序阀等。它们的共同特点是利用作用于阀芯上的油液压力和弹簧弹力相平衡的原理来进行工作。其中，溢流阀在系统中的主要作用是稳压和卸荷。

2.1.2　任务分析

本任务通过安装典型压力控制回路，掌握溢流阀、减压阀、顺序阀的应用特点；通过调试典型压力控制回路，掌握压力控制回路的压力调节。其中，顺序阀的相关知识见模块 2 任务 2.4。

2.1.3　任务材料清单

任务材料清单见表 2-1-1。

表 2-1-1　需要器材清单

名称	图形符号	数量	备　注
液压实训台		1	
液压缸		1	
直动式溢流阀		1	
先导式溢流阀		1	

名称	图形符号	数量	备　注
先导式减压阀	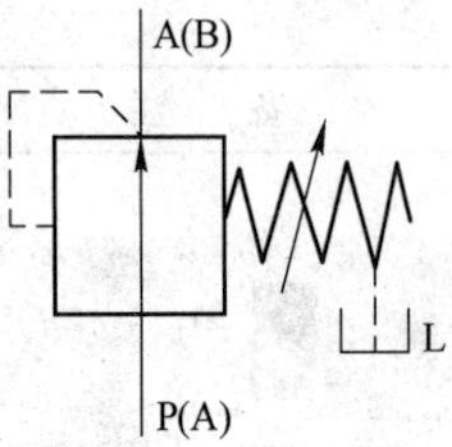 A(B) P(A)　L	1	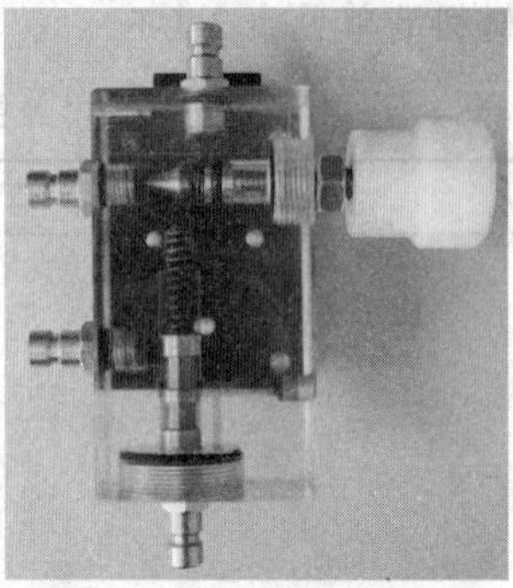
节流阀	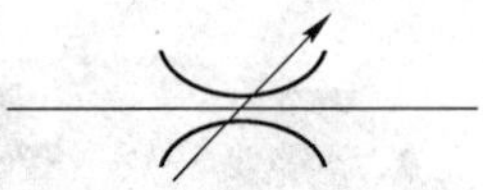	1	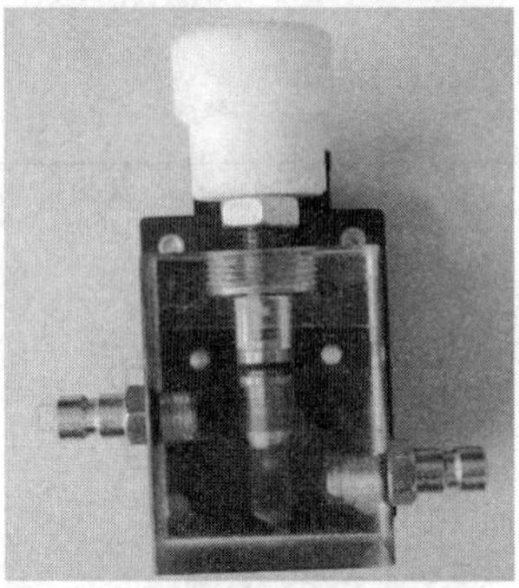
二位四通手动换向阀	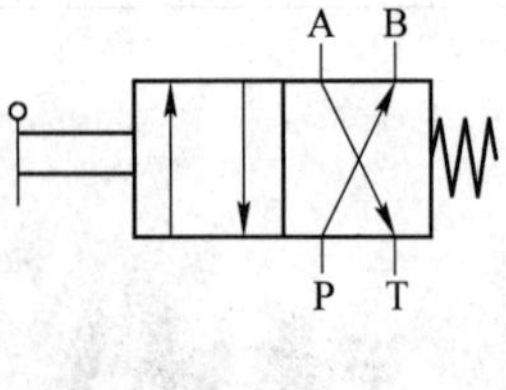 A　B P　T	1	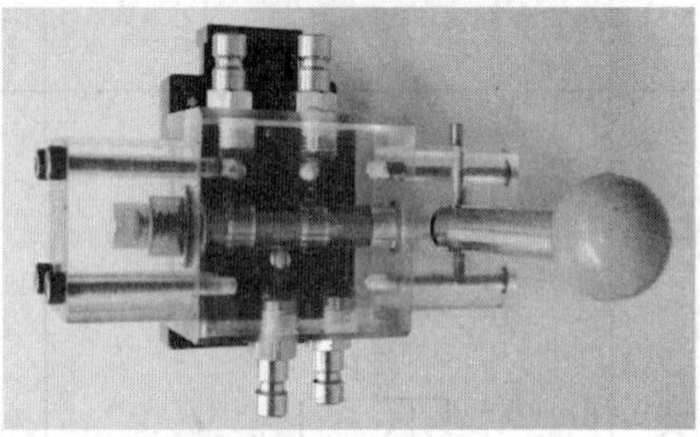
压力表		1	

名称	图形符号	数量	备　　注
液压油管	———————	若干	
三通	⊥	若干	

2.1.4　相关知识

2.1.4.1　限压调压及压力回路

图 2-1-1 所示为限压调压及压力回路图。

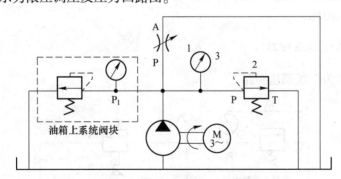

图 2-1-1　限压调压及压力回路图
1—透明节流阀；2—透明溢流阀；3—透明压力表

本任务是看懂回路图并且在实验台上进行安装调试，观察压力表的压力变化。

（1）调节。关闭阀 1，调节溢流阀 2，观察压力表 3 的变化值。

（2）压力形成。调节溢流阀 2 为 0.8MPa（通过透明压力表来确认），调节节流阀 1（模拟负载），压力值随之变化，说明压力大小取决于负载大小。

（3）限压。（油箱系统阀块上 P-B10B 已调 0.8MPa），关闭节流阀 1，溢流阀 2，系统最大压力只能为 0.8MPa。

2.1.4.2　卸荷回路

图 2-1-2 所示为卸荷回路。

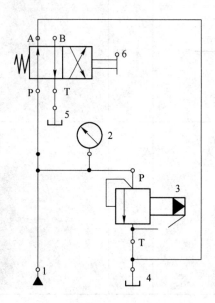

图 2-1-2　卸荷回路

1—液压站；2—压力表；3—先导式溢流阀；4，5—油箱；6—二位四通手动换向阀

（1）换向阀旁路卸荷。在阀 2 的 Y 口不接油箱时，调节阀 2 使压力表显示为 0.6MPa，Z1 失电，压力表值小，而 Z1 得电压力为 0.6MPa。

（2）溢流阀遥控口卸荷。在阀 1 的 Z1 得电时，阀 2Y 口接油箱，压力表值小；Y 口不接油箱 P 压 0.6MPa。

2.1.4.3　二级调压回路

图 2-1-3 所示为二级调压回路。

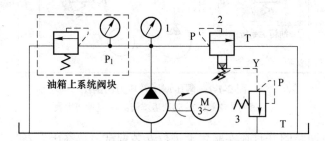

图 2-1-3　二级调压回路

1—透明压力表；2—透明先导式溢流阀；3—透明直动式溢流阀

（1）利用先导式溢流阀遥控口的二级调压。调阀 2 为 0.8MPa，装上阀 3 后，调阀 3，压力表值有相应变化。

（2）如果阀 2 调为 0.6MPa，调阀 3，观察压力值的相应变化。

2.1.4.4　减压回路

图 2-1-4 所示为减压回路。

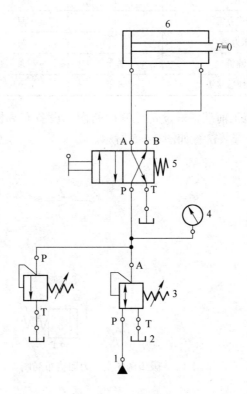

图 2-1-4　减压回路

1—透明溢流阀；2—系统压力表；3—透明减压阀；4—透明压力表；
5—透明二位四通电磁阀；6—透明双作用油缸

本任务是看懂回路图并且在实验台上进行安装调试，观察压力表的压力变化。

然后：(1) 调节压力阀 3，观察表 4 压力表相应变化，调阀 3 使表 4 显示为 0.5MPa。

(2) 压阀 3 的 X 口不接油箱，观察阀 3 减压情况。

技能目标

2.1.5　工艺要求

2.1.5.1　限压调压及压力回路安装与调试步骤

A　准备工作

(1) 设备清点。按表 2-1-2 清点设备型号规格及数量，并归类放置。

(2) 液压元件的清点见表 2-1-2。施工者应清点液压元件的数量，同时认真检查其性能是否完好。

表 2-1-2　液压元件清单（一）

序号	名　称	数　量	单　位	备　注
1	液压试验平台		台	
2	节流阀	1	只	
3	直动式溢流阀	1	只	
4	压力表	1	只	
5	油管	若干	条	
6	液压快速接头	若干	个	

（3）图样准备。施工前准备好设备控制回路图、设备布局图，供作业时查阅。限压调压及压力回路的元件安装位置如图 2-1-5 所示。

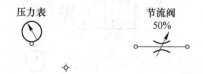

图 2-1-5　限压调压及压力回路布局图

B　液压回路安装

（1）根据限压调压及压力回路布局图进行安装，安装如图 2-1-6 所示。

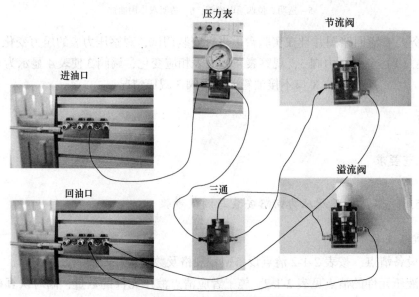

图 2-1-6　限压调压及压力回路安装示意图

（2）液压回路检查。对照限压调压及压力回路布局图检查液压回路的正确性、可靠性，严禁调试过程中出现油管脱落现象，确保安全。

C　设备调试

清扫设备后，在确认人身和设备安全的前提下进行调试。调试时要认真观察设备的动作情况，若出现问题，应立即切断电源，避免扩大故障范围，待调整、检修或解决后重新调试，直至设备完全实现功能。

D　现场清理

设备调试完毕，要求操作者清点工量具、归类整理资料，并清扫现场卫生。

（1）清点工量具。对照工量具清单清点工具，并按要求装入工具箱。

（2）资料整理。整理归类技术说明书、设备清单、控制回路图、设备布局图等资料。

（3）清扫设备周围卫生，保持环境整洁。

2.1.5.2　卸荷回路安装与调试步骤：

A　准备工作

（1）设备清点。按表 2-1-3 清点设备型号规格及数量，并归类放置。

（2）液压元件的清点。见表 2-1-3，施工者应清点液压元件的数量，同时认真检查其性能是否完好。

表 2-1-3　液压元件清单（二）

序号	名　称	数　量	单　位	备　注
1	液压试验平台		台	
2	二位四通手动换向阀	1	只	
3	直动式溢流阀	1	只	
4	压力表	1	只	
5	油管	若干	根	
6	液压快速接头	若干	个	
7	压力继电器	1	只	
8	电线	若干	根	

（3）图样准备。施工前准备好设备控制回路图、设备布局图，供作业时查阅。卸荷回路的元件安装位置如图 2-1-7 所示。

B　液压回路安装

（1）根据卸荷回路布局图进行安装，如图 2-1-8 所示。

（2）液压回路检查。对照卸荷回路布局图检查液压回路的正确性、可靠性，严禁调试过程中出现油管脱落现象，确保安全。

C　设备调试

清扫设备后，在确认人身和设备安全的

二位四通手动换向阀

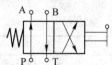

压力表

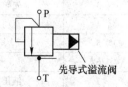
先导式溢流阀

图 2-1-7　卸荷回路布局图

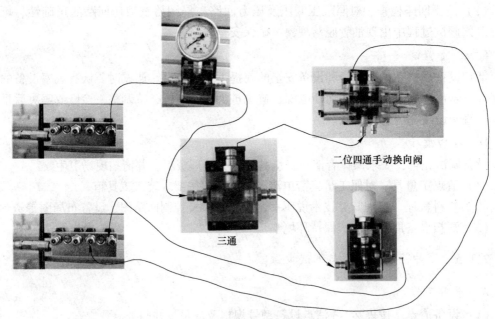

图 2-1-8　卸荷回路安装示意图

前提下进行调试。调试时要认真观察设备的动作情况，若出现问题，应立即切断电源，避免扩大故障范围，待调整、检修或解决后重新调试，直至设备完全实现功能。

D　现场清理

设备调试完毕，要求操作者清点工量具、归类整理资料，并清扫现场卫生。

（1）清点工量具。对照工量具清单清点工具，并按要求装入工具箱。

（2）资料整理。整理归类技术说明书、设备清单、控制回路图、设备布局图等资料。

（3）清扫设备周围卫生，保持环境整洁。

2.1.5.3　二级调压回路安装与调试步骤：

A　准备工作

（1）设备清点。按表 2-1-4 清点设备型号规格及数量，并归类放置。

（2）液压元件的清点见表 2-1-4。施工者应清点液压元件的数量，同时认真检查其性能是否完好。

表 2-1-4　液压元件清单（三）

序号	名　称	数　量	单　位	备　注
1	液压试验平台		台	
2	二位四通电磁换向阀	1	只	
3	先导式溢流阀	1	只	
4	直动式溢流阀	1	只	
5	压力表	1	只	
6	油管	若干	根	
7	液压快速接头	若干	个	

（3）图样准备。施工前准备好设备控制回路图、设备布局图，供作业时查阅。二级调压回路的元件安装位置如图 2-1-9 所示。

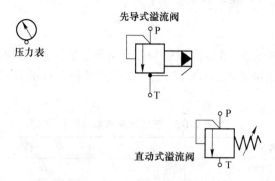

图 2-1-9　二级调压回路布局图

B　液压回路安装

（1）根据二级调压回路布局图进行安装，如图 2-1-10 所示。

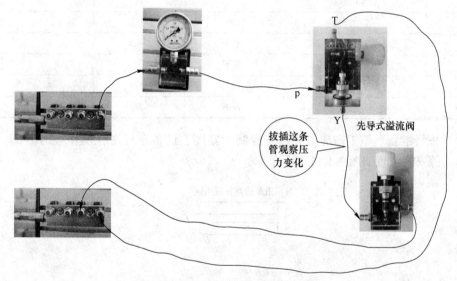

图 2-1-10　二级调压回路安装示意图

（2）液压回路检查。对照二级调压回路布局图检查液压回路的正确性、可靠性，严禁调试过程中出现油管脱落现象，确保安全。

C　设备调试

清扫设备后，在确认人身和设备安全的前提下进行调试。调试时要认真观察设备的动作情况，若出现问题，应立即切断电源，避免扩大故障范围，待调整、检修或解决后重新调试，直至设备完全实现功能。

D　现场清理

设备调试完毕，要求操作者清点工量具、归类整理资料，并清扫现场卫生。

（1）清点工量具。对照工量具清单清点工具，并按要求装入工具箱。

（2）资料整理。整理归类技术说明书、设备清单、控制回路图、设备布局图等资料。

（3）清扫设备周围卫生，保持环境整洁。

2.1.5.4　减压回路安装与调试步骤：

A　准备工作

（1）设备清点。按表 2-1-5 清点设备型号规格及数量，并归类放置。

（2）液压元件的清点见表 2-1-5。施工者应清点液压元件的数量，同时认真检查其性能是否完好。

表 2-1-5　液压元件清单（四）

序号	名　　称	数　量	单　位	备　注
1	液压试验平台		台	
2	二位四通手动换向阀	1	只	
3	直动式溢流阀	1	只	
4	直动式减压阀	1	只	
5	双作用油缸	1	只	
6	压力表	2	只	
7	油管	若干	根	
8	液压快速接头	若干	个	
9	压力继电器	1	只	
10	电线	若干	根	

（3）图样准备。施工前准备好设备控制回路图、设备布局图，供作业时查阅。减压回路的元件安装位置如图 2-1-11 所示。

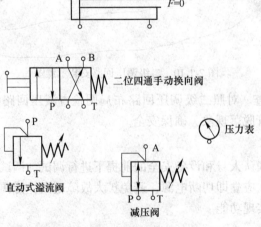

图 2-1-11　减压回路布局图

B　液压回路安装

（1）根据减压回路布局图进行安装，如图 2-1-12 所示。

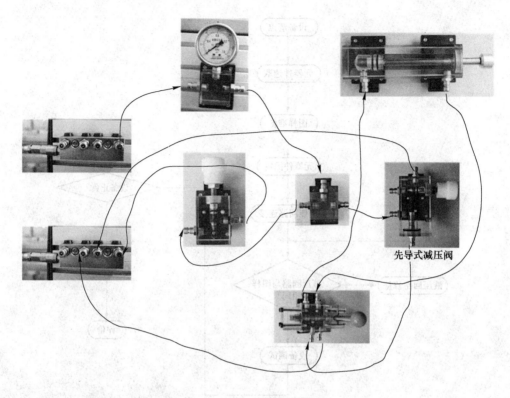

图 2-1-12 减压回路实物图

（2）液压回路检查。对照减压回路布局图检查液压回路的正确性、可靠性，严禁调试过程中出现油管脱落现象，确保安全。

C 设备调试

清扫设备后，在确认人身和设备安全的前提下进行调试。调试时要认真观察设备的动作情况，若出现问题，应立即切断电源，避免扩大故障范围，待调整、检修或解决后重新调试，直至设备完全实现功能。

D 现场清理

设备调试完毕，要求操作者清点工量具、归类整理资料，并清扫现场卫生。

（1）清点工量具。对照工量具清单清点工具，并按要求装入工具箱。

（2）资料整理。整理归类技术说明书、设备清单、控制回路图、设备布局图等资料。

（3）清扫设备周围卫生，保持环境整洁。

2.1.6 任务实施

2.1.6.1 安装调试压力控制回路

接到任务后，小组内先讨论实施方案，然后根据每一位成员的能力进行分工，在整个过程中，小组内要有良好的讨论氛围，每位成员都有任务，具体的实施步骤如图 2-1-13 所示。

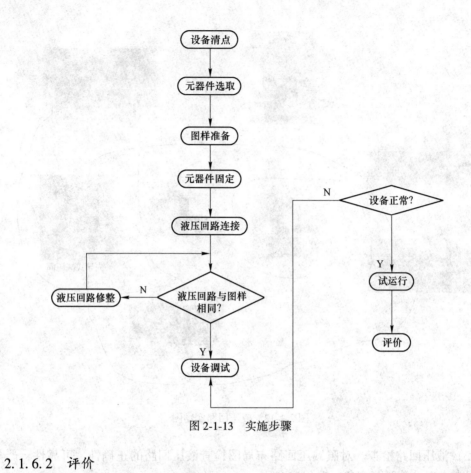

图 2-1-13　实施步骤

2.1.6.2　评价

表 2-1-6 为压力控制回路过程评价表。

表 2-1-6　压力控制回路过程评价表

验收项目	验收要求	配分标准	分值	扣分	得分
施工准备	1. 穿戴好劳保用品 2. 正确选取元器件 3. 正确领取工量具	1. 劳保用品穿戴不规范扣10分 2. 领取元器件错误，错一个扣 1 分，扣完为止	20		
液压回路搭建	1. 元器件安装可靠、正确 2. 油路连接正确，规范美观 3. 安装管路动作规范 4. 正确连接设计的液压回路，管路无错误	1. 管路脱落一次扣 1 分，扣完为止 2. 错装一次管路扣 1 分，管路出现大变形一条扣 1 分，扣完为止	4×6		
液压回路调试	1. 检查泵站、油液位、电机是否正常 2. 液压系统最大压力值调定 3. 轻载启动 4. 按要求调试压力	1. 不检查泵站扣 1 分 2. 带载荷启动电机扣 2 分 3. 未轻载气动扣 1 分 4. 未按要求调试压力的扣 2 分	4×8		

验收项目	验收要求	配分标准	分值	扣分	得分
安全生产	1. 自觉遵守安全文明生产规程 2. 保持现场干净整洁，工具摆放有序 3. 是否伤害到别人或者自己，物件是否掉地等不安全操作 4. 人离开工作台是否卸载	1. 导线、液压元器件、油管掉地扣 2 分 2. 人离开工作台未卸载扣 2 分 3. 出现安全事故扣 20 分	4×6		
		总 分			

搭档：　　　　　　　　　　任务耗时：

2.1.7 知识链接

2.1.7.1 溢流阀

溢流阀在液压系统中最主要的作用是调节和维持系统压力的恒定及限定最高压力，也就是溢流保压和安全保护作用，以及在节流调速系统中与流量控制阀配合使用，调节进入系统的流量；另外溢流阀还可以对液压系统进行卸荷和顺序控制。几乎所有液压系统都要用到溢流阀，它是液压系统中最重要的压力控制阀。常用的溢流阀按其结构形式和基本动作方式可分为直动式和先导式两种。

A 直动式溢流阀

图 2-1-14 所示为直动式溢流阀的外观和功能符号图。直动式溢流阀是依靠系统中的油液压力直接作用在阀芯上与弹簧力相平衡来控制阀芯的启闭动作的。当进油口 P 压力高于调压弹簧设定值时，阀芯右移，阀口打开，油液从排油口 T 排到油箱，系统压力下降。压力下降后，阀芯在弹簧作用下，向左移，关闭阀口。通过这种方式，系统压力就能维持在一个恒定值。一般直动式溢流阀只适用于压力低的系统或用于先导阀，但采取适当措施可用于高压大流量系统。

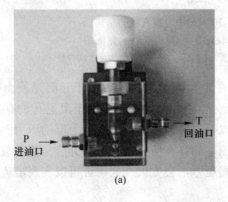
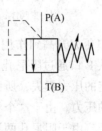

(a)　　　　　　　　　　　　　　(b)

图 2-1-14 直动式溢流阀

(a) 实物图；(b) 符号图

B　先导式溢流阀

先导式溢流阀由先导阀和主阀两部分组成（图 2-1-15 ~ 图 2-1-17），先导阀调压、主阀溢流。

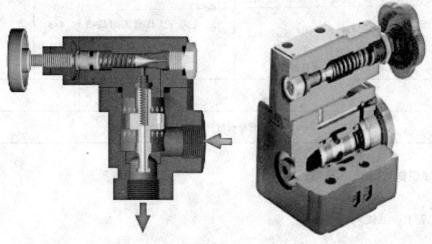

图 2-1-15　先导式溢流阀的结构图

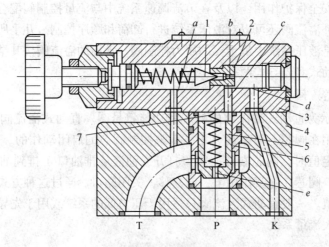

图 2-1-16　先导式溢流阀的结构图
1—先导阀芯；2—先导阀座；3—先导阀体；
4—主阀体；5—主阀芯；6—主阀套；7—主阀弹簧

当进油口 P 口压力升高到作用在先导阀上的液压力大于导阀弹簧力时，先导阀阀芯右移，油液就可从 P 口通过阻尼孔经先导阀流向 T 口。由于阻尼孔的存在，油液经过阻尼孔时会产生一定的压力损失，所以阻尼孔下部的压力高于上部的压力，即主阀阀芯的下部压力大于上部的压力。由于这个压差的存在使主阀芯上移开启，使油液可以从 P 口向 T 口流动，实现溢流。由于阻尼孔两端压差不会太大，为保证可以实现溢流，主阀的弹簧刚度不能太大。

先导式溢流阀的 K 口是一个远程控制口。当将其与另远程调压阀相连时，就可以通过它调节溢流阀主阀上端的压力，从而实现溢流阀的远程调压。若通过二位二通电磁换向

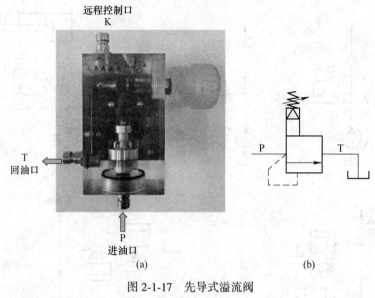

图 2-1-17 先导式溢流阀

(a) 实物图；(b) 符号图

阀接油箱，就能在电磁换向阀的控制下对系统进行卸荷。

先导式溢流阀一般用于中压、高压系统。

应当注意溢流阀只能实现油液从 P 口向 T 口的流动，不可能出现 T 口向 P 口的流动。如果需要在油液双向流动的管路中装设溢流阀时，须并联一个单向阀来保证油液的反向流动。

C 溢流阀的应用及调压回路

(1) 调压溢流。在图 2-1-18 (a) 中，溢流阀和定量泵组合使用，起调压溢流作用。即进入液压缸的流量由节流阀确定，多余的油液需经过溢流阀溢流回油箱，溢流阀在工作过程中是常开的，此时液压泵的出口压力即为溢流阀的调定压力，且基本上保持恒定。

(2) 过载保护。在图 2-1-18 (b) 中溢流阀和变量泵组合使用，起过载保护作用。此系统中，变量泵出口流量可随负载变化自动适应执行元件运动速度，无多余流量，泵的工作压力随负载变化。当负载升高时，系统压力一旦过载溢流阀立即打开，起安全保护作用，故称其为安全阀。

(3) 作背压阀用。在图 2-1-18 (c) 中将溢流阀安置在液压缸的回油路上，可以产生背压力，提高执行元件的运动平稳性，此时宜用低压溢流阀。

(4) 使泵卸荷。在图 2-1-18 (d) 中用二位二通电磁阀 3 与先导式溢流阀组合可起卸荷作用，当电磁铁通电时，先导式溢流阀 2 的远程控制口和油箱相通，主阀芯打开，阀口迅速开至最大，泵输出的油液全部回油箱，泵处于卸荷状态。

(5) 远程调压。在图 2-1-18 (e) 中将先导式溢流阀 1 的控制口接一远程调压阀 4，主溢流阀 1 的调整压力必须大于远程调压阀 4 的调整压力。系统的压力由阀 4 远程调节控制。只要达到远程调压阀的调整压力，远程调压阀便开启，主阀开始溢流，此时主阀的先导阀并不开启，系统压力取决于阀 4 的调定值。

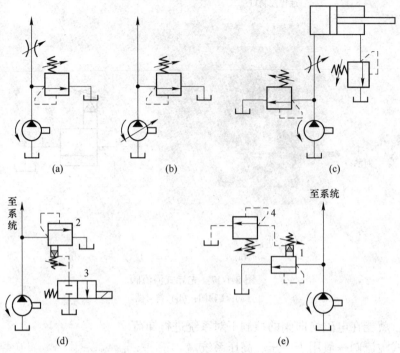

图 2-1-18　溢流阀的应用回路

2.1.7.2　减压阀

A　减压阀的结构原理

减压阀的功用是使液压系统某分支油路获得比液压系统干路低的油液压力，也就是说液压系统的干路油液进入减压阀进油口，从减压阀出油口流出的油液压力低于液压系统干路的油液压力。其优点在于在同一液压系统中，通过减压阀的作用，可以获得不同的分支油路的油压，而不需要使用多个液压泵来提供系统油液压力，以适应不同的分支液压系统对油液压力的不同需求。

按结构减压阀可分为直动式和先导式两种；根据减压阀对油液压力控制方式的不同，减压阀可以分为定值式减压阀、定差式减压阀和定比式减压阀三种。定值减压阀用于控制出口压力为定值，使液压系统中某部分得到较供油压力低的稳定压力；定比减压阀用于控制它的进出口压力保持调定不变的比例；定差减压阀则用于控制进出口压力差为定值。

在实际应用中直动式减压阀较少单独使用，下面主要以先导式减压阀为例进行说明。

图 2-1-19 (a)、(c) 所示为先导式减压阀的结构图和图形符号。它由两部分组成，先导阀调压，主阀减压。压力油从进油口 P_1 流入，经减压阀阀口 h 后从出油口 P_2 流出。出口油液通过小孔 d 进入主阀阀芯 5 的下腔，同时通过阻尼小孔 e 流入主阀阀芯的上腔，并经孔 b、孔 a 作用于先导阀阀芯 3 上。当出口压力 p_2 低于调压弹簧 2 的调定压力时，先导阀关闭，主阀阀芯上下腔油压相等，在主阀弹簧 4 作用下，主阀阀芯处于最下端位置。这时减压阀节流口 h 开度最大，不起减压作用，其进口油压 p_1 与出口油压 p_2 基本相等。当 p_2 达到先导阀弹簧调定压力时，先导阀开启。由于主阀阀芯下腔油液经阻尼孔 e 上腔，

再经孔 a、先导阀开口、孔 c、泄油口 Y 流回油箱，使主阀阀芯两端产生压力差。当此压力差对阀芯产生的作用力克服主阀阀芯的弹簧力而使阀芯上移时，节流口开度 h 减小，节流口压降 Δp 增加，阀起减压作用，即 $p_2 = p_1 - \Delta p$。若出口压力受外界干扰而变动时，减压阀将会自动调整减压阀节流口开度 h 来保持调定的出口压力值基本不变。当减压阀的出口油路的油液不再流动时，由于先导阀泄油未停止，减压口仍有油液流动，阀仍然处于工作状态，出口压力保持调定值不变。减压阀出口压力的大小，可通过调压弹簧 2 进行调节。图 2-1-19（d）所示为先导式减压阀实物图。

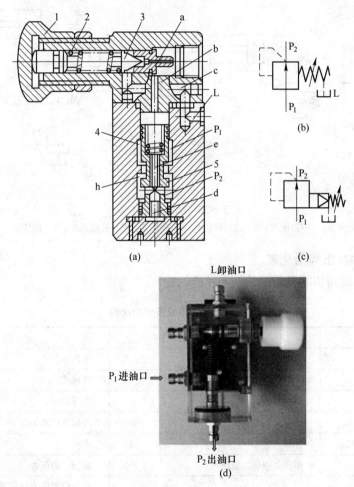

图 2-1-19 减压阀

（a）先导式减压阀结构图；（b）直动式减压阀图形符号；（c）先导式减压阀图形符号；（d）实物图

B 减压回路

当泵的输出压力是高压而支路要求低压时，可以采用减压回路，如机床液压系统中的定位、夹紧、分度以及液压元件的控制油路等。

图 2-1-20（a）所示为夹紧油路上的减压回路，泵的供油压力根据负载大小由溢流阀 2 来调节，夹紧缸所需压力由减压阀 3 调节。单向阀 4 的作用是当主油路压力降低（低于减压阀调整压力）时防止油液倒流，使支路和主回路隔开，起保压作用。

　　减压回路中也可以两级或多级减压。图 2-1-20（b）所示为利用先导型减压阀 5 的远控口接一远控溢流阀 2，由阀 5、阀 2 各调得一种低压。但要注意，阀 2 的调定压力值一定要低于阀 5 的调定减压值。

　　为了使减压回路工作可靠，减压阀的最低调整压力不应小于 0.5MPa，最高调整压力当减压回路中的执行元件需要调速时，调速元件应放在减压阀的后面，以避免减压阀泄漏口流回油箱的油液对执行元件的速度产生影响。

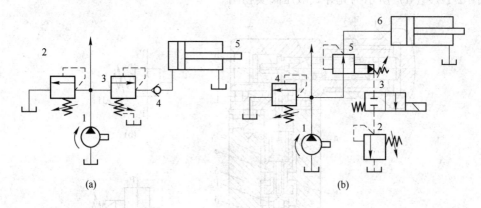

图 2-1-20　减压回路

1—定量泵；2—溢流阀；3—减压阀；4—单向阀；5—先导式减压阀；6—液压缸

C　溢流阀和减压阀的比较

表 2-1-7 为溢流阀和减压阀的结构和性能的比较。

表 2-1-7　溢流阀和减压阀的比较

项　　目	溢流阀	减压阀
使阀开启的压力油	进油口	出油口
泄油形式	内泄式	外泄式
状态	常闭	常开
出油口情况	出油口与油箱相连	与减压回路相连
在系统中的连接方式	并联	串联
功用	限压、保压、稳压	减压、稳压
工作原理	利用控制压力与弹簧力相平衡的原理，通过改变阀开口量大小控制系统的压力	利用控制压力与弹簧力相平衡的原理，通过改变阀开口量大小控制系统的压力
结构	结构基本相同，只是泄油路不同	结构基本相同，只是泄油路不同

　　【提示】压力阀是液压传动中的主要控制元件，液压系统传递压力就靠压力阀来控制。从上面的学习可看出压力阀中的溢流阀、减压阀在结构上基本相同，原理都是利用油液的压力与弹簧力平衡改变阀开口的大小或时间，以后学习的顺序阀也是如此。溢流阀控制进口的压力，减压阀控制出口的压力，顺序阀（会在模块 2 任务 2.4 中介绍）控制执行元件的动作顺序。

2.1.8 知识检测

2.1.8.1 填空题

(1) 液压系统中常用的溢流阀有（　　　　）和（　　　　）两种。前者用于（　　　　），后者用于（　　　　）。

(2) 先导式溢流阀由（　　　　）和（　　　　）两部分组成。

(3) 溢流阀在液压系统中，主要作用是（　　　　）、（　　　　）、（　　　　）、（　　　　）和（　　　　）。

(4) 减压阀工作时，使（　　　　）低于（　　　　），从而起到减压作用。

2.1.8.2 选择题

(1) 把先导式溢流阀的远程控制口接至回油箱，将会发生（　　）问题。

A. 没有溢流量　　　　　　　　B. 进口压力为无穷大

C. 进口压力随负载增加而增加　　D. 进口压力调不上去

(2) 减压阀进口压力基本恒定时，若通过的流量增大，会使出油口压力（　　）。

A. 增大　　　　B. 不变　　　　C. 略有减少　　　　D. 不确定

(3) 通过减压阀的流量不变而进口压力增大时，减压网出口压力（　　）。

A. 增大　　　　B. 不变　　　　C. 略有减少　　　　D. 不确定

(4) 溢流阀一般是安装在（　　）的出口处，起稳压、安全等作用。

A. 液压缸　　　B. 液压泵　　　C. 换向阀　　　　D. 油箱

(5) 在液压系统中，（　　）属于压力控制阀。

A. 节流阀　　　B. 溢流阀　　　C. 单向阀　　　　D. 调速阀

(6) 压力控制阀中，使出口压力低于进口压力，并使出口压力保持恒定的阀是（　　）。

A. 先导式溢流阀　　　　　　　　B. 直动式溢流阀

C. 减压阀　　　　　　　　　　　D. 顺序阀

2.1.8.3 判断题（正确的打"√"，错误的打"×"）

(1) 背压阀的作用是使液压缸回油腔中具有一定的压力，保证运动部件工作平稳。

（　　）

(2) 利用远程调压阀的远程调压回路中，只有在溢流阀的调定压力高于远程调压阀的调定压力时，远程调压阀才能起调压作用。 （　　）

2.1.8.4 简答题

(1) 先导式溢流阀主阀上的阻尼孔堵塞时，溢流阀会出现什么故障？若先导网座上的进油小孔堵塞了，又会出现什么故障？

(2) 当压力阀的铭牌没有或不清楚时，在不用拆卸的情况下，如何识别溢流阀、减压阀？

任务 2.2　速度控制回路

项目教学目标

知识目标：

（1）掌握速度控制阀的基础原理；

（2）掌握速度控制回路的特点和应用。

技能目标：

（1）能正确选用速度控制阀；

（2）能根据任务要求，设计和调试简单速度控制回路的能力。

素质目标：

（1）遵守现场操作的职业规范，具备安全、整洁、规范实施工作任务的能力；

（2）具有良好的职业道德和职业责任感；

（3）具有资料检索能力、学习能力、表达能力、团队交流协作能力；

（4）具有不断开拓创新的意识。

知识目标

2.2.1　任务描述

由于空气具有可压缩性，在气压传动中，若要获得稳定的运动速度是比较困难的，因此，速度控制不是气压传动系统的核心。与气压传动不同的是，由于液压油几乎不可压缩，这为获得稳定速度创造了条件，因而对执行元件的速度控制是液压传动系统的关键。采用哪种速度控制方式，是设计液压系统时首先要考虑的因素。

在液压传动系统中控制执行元件运动速度的阀称为流量控制阀。流量控制阀简称流量阀，它通过改变节流口通流面积或通流通道的长短来改变局部阻力的大小，从而实现对流量的控制，进而改变执行机构的运动速度。流量控制阀是节流调速系统中的基本调节元件。在定量泵供油的节流调速系统中，必须将流量控制阀与溢流阀配合使用，以便将多余的流量排回油箱。节流阀和调速阀是液压系统中最常用的流量控制阀。

2.2.2　任务分析

通过安装典型速度控制回路，掌握节流阀和调速阀的应用特点；通过调试典型速度控制回路，掌握速度控制回路中执行元件速度的调节。

2.2.3　任务材料清单

任务材料清单见表 2-2-1。

2.2.4　相关知识

如图 2-2-1 所示为节流调速回路图。

表 2-2-1　需要器材清单

名称	型　号	数量	备　　注
液压实训台		1	
液压缸	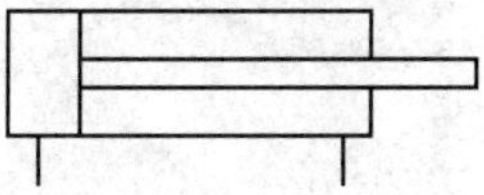	1	
直动式溢流阀	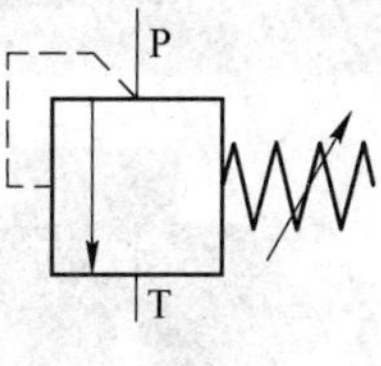	1	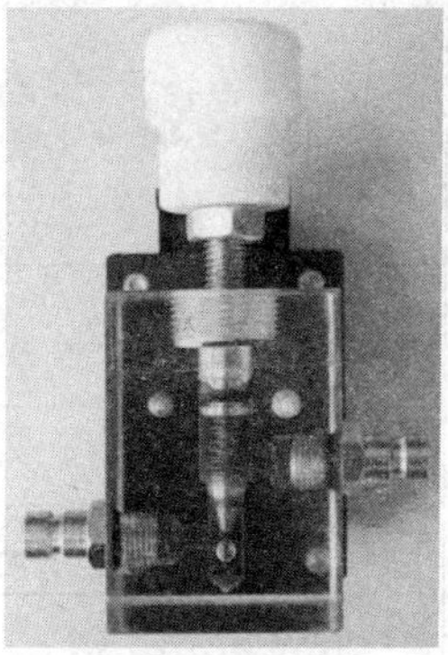
二位四通手动换向阀	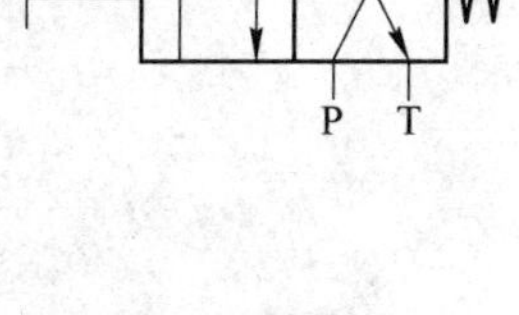		

名　称	型　号	数量	备　注
节流阀		1	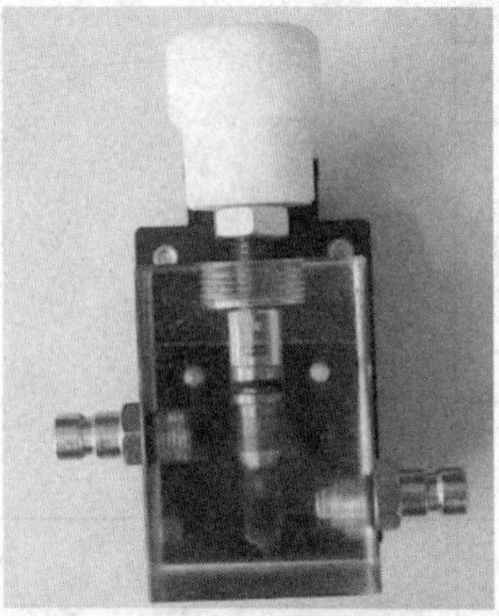
压力表	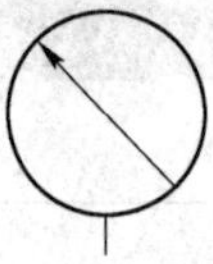	1	
单向阀	 P1　　　　　P2	1	
液压油管	——————	若干	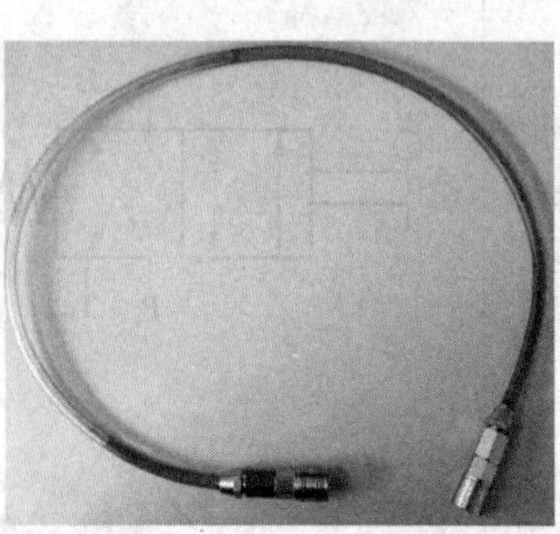

名称	型 号	数量	备 注
三通	⊥	2	

本任务是看懂回路图并且在实验台上进行安装调试，观察执行元件运动速度的变化。

调节阀 7 使压力表 2 显示为 0.7MPa，调节阀 5 节流开度，缸 6 右行时速度应有相应变化。在调速运动过程及缸到底后注意压力表 2 的值是否变化。

技能目标

2.2.5 工艺要求

节流调速回路安装与调试步骤如下。

2.2.5.1 准备工作

(1) 设备清点。按表 2-2-1 清点设备型号规格及数量，并领取液压元件及相关工具。

(2) 图样准备。施工前准备好设备控制回路图、设备布局图，供作业时查阅。限压调压及压力回路的元件安装位置如图 2-2-2 所示。

2.2.5.2 液压回路安装

(1) 根据节流调速回路布局图进行安装，如图 2-2-3 所示。

(2) 液压回路检查。对照节流调速回路布局图检查液压回路的正确性、可靠性，严禁调试过程中出现油管脱落现象，确保安全。

2.2.5.3 设备调试

清扫设备后，在确认人身和设备安全的前提下进行调试。调试时要认真观察设备的动作情况，若出现问题，应立即切断电源，避免扩大故障范围，待调整、检修或解决后重新调试，直至设备完全实现功能。

2.2.5.4 现场清理

设备调试完毕，要求操作者清点工量具、归类整理资料，并清扫现场卫生。

(1) 清点工量具。对照工量具清单清点工具，并按要求装入工具箱。

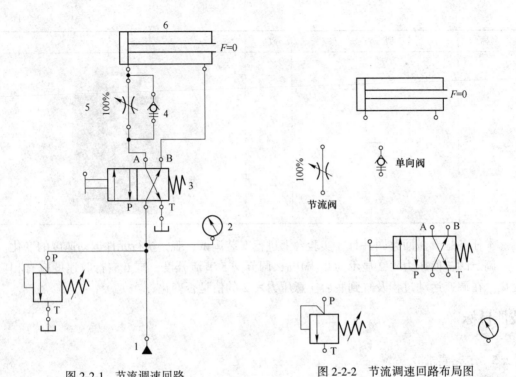

图 2-2-1　节流调速回路

1—液压站；2—透明压力表；3—透明换向阀；

4—透明单向阀；5—透明节流阀；6—透明液压缸

图 2-2-2　节流调速回路布局图

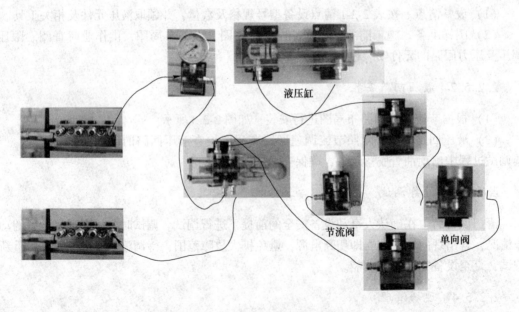

图 2-2-3　节流调速回路安装示意图

（2）资料整理。整理归类技术说明书、设备清单、控制回路图、设备布局图等资料。

（3）清扫设备周围卫生，保持环境整洁。

2.2.6　任务实施

2.2.6.1　安装调试压力控制回路

接到任务后，小组内先讨论实施方案，然后根据每一位成员的能力进行分工，在整个过程中，小组内要有良好的讨论氛围，每位成员都有任务，具体的实施步骤如图 2-1-13 所示。

2.2.6.2　评价

速度控制回路过程评价表，见表 2-1-6。

2.2.7　知识链接

2.2.7.1　节流阀

A　节流特性

（1）流量特性。节流阀的流量特性取决于节流口的结构形式，节流口通常有三种基本形式：薄壁小孔、细长小孔和厚壁小孔，但无论节流口采用何种形式，可用小孔的流量公式 $q = KA\Delta p^m$ 表示，当系数 K 和指数 m、Δp 一定时，只要改变节流口面积 A 就可调节通过阀的流量。

（2）流量稳定性。

1）压差对流量的影响。节流阀两端压差 Δp 变化时，通过它的流量会发生变化。

2）温度对流量的影响。油温影响油液黏度，油温变化时流量也会随之改变。

3）节流口的堵塞。改变原来节流口通流面积的大小，可使流量发生变化。

B　节流阀结构、图形符号

图 2-2-4 所示为一种普通节流阀的结构和图形符号，这种节流阀的节流口为轴向三角槽式。

C　节流阀的应用

根据流量阀的位置的不同，可分为进油路节流调速回路、回油路节流调速回路和旁路节流调速回路三种形式。

（1）进油路节流调速回路（图 2-2-5）。进油路节流调速回路是将节流阀装在执行元件的进油路上，调节节流阀阀口大小，便能控制进入液压缸的流量，多余的油液经溢流阀溢流回油箱，而达到调速目的。油路中既有溢流损失，又有节流损失，功率损失大。

（2）回油路节流调速回路（图 2-2-6）。回油节流调速回路是将节流阀装在执行元件的回油路上，用节流阀调节液压缸输出的流量，控制进入液压缸的流量。

（3）旁路节流调速回路（图 2-2-7）。将节流阀装在与液压泵并联的支路上，节流阀分流了油泵的流量，从而控制了进入液压泵的流量，调节节流阀的通流面积即可实现调速。回路中的溢流阀只起安全作用，常态时关闭。

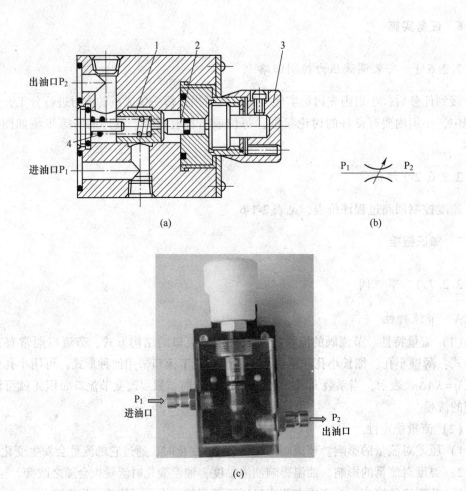

(a)

(b)

图 2-2-4　节流阀

(a) 结构图；(b) 图形符号；(c) 实物图

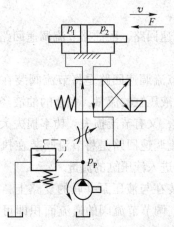

图 2-2-5　进油路节流调速回路

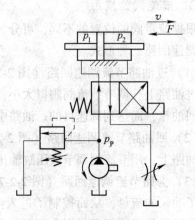

图 2-2-6　回油路节流调速回路

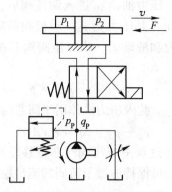

图 2-2-7　旁路节流调速回路

【要点】三种节流调速回路性能比较见表 2-2-2。

表 2-2-2　三种节流调速回路性能比较

特性	节流调速回路		
	进油路节流调速回路	回油路节流调速回路	旁路节流调速回路
运动平稳性	平稳性较差，不能在负值负载下工作	平稳性较好，可以在负值负载下工作	平稳性较差，不能在负值负载下工作
最大承载能力	最大负载由溢流阀调定的压力来决定	最大负载由溢流阀调定的压力来决定	最大负载随节流阀开口增大而减小，低速承载能力差
调速范围	较大，可达 100	较大，可达 100	由于低速稳定性差，故调速范围较小
功率损耗	功率损耗与负载、速度无关。低速、轻载时功率损耗较大、效率低、发热大	功率损耗与负载、速度无关。低速、轻载时功率损耗较大、效率低、发热大	功率损耗与负载成正比。效率较高、发热小
发热的影响	油液通过节流阀后直接进入液压缸，影响较大	油液通过节流阀后直接回油箱冷却，影响较小	油液通过节流阀后直接流回油箱冷却，影响较小
起动冲击	停车后起动冲击小	停车后起动有冲击	停车后起动有冲击
压力控制	便于实现压力控制	实现压力控制不方便	便于实现压力控制

2.2.7.2　调速阀

调速阀是由定差减压阀与节流阀串联而成的组合阀。节流阀调节通过的流量，定差减压阀能自动保持节流阀前后的压力差为定值，使通过节流阀的流量不受负载变化的影响。

A　调速阀结构和原理

图 2-2-8 所示为调速阀的工作原理、图形符号和实物图，调速阀的进口压力 p_1 由溢流

阀调节，工作时基本保持恒定。压力油由 p_1 进入调速阀后，先经过定差减压阀的阀口后压力降为 p_2，然后经节流阀流出，其压力为 p_3。节流阀前后的压力油分别作用在定差减压阀阀芯的两端。若忽略摩擦力和液动力，当减压阀阀芯在弹簧力 F 和油液压力的作用下处于某平衡位置时，则有

$$p_2 A_1 + p_2 A_2 = p_3 A + F_s$$

式中，A_1、A_2 和 A 分别为 a、b、c 腔内压力油作用于阀芯的有效面积，且 $A = A_1 + A_2$，故

$$p_2 - p_3 = \Delta p = F_s / A$$

因为弹簧刚度较低，且工作过程中减压阀阀芯位移较小，可认为弹簧力基本保持不变，故节流阀两端压力差不变，可保持通过节流阀的流量稳定。

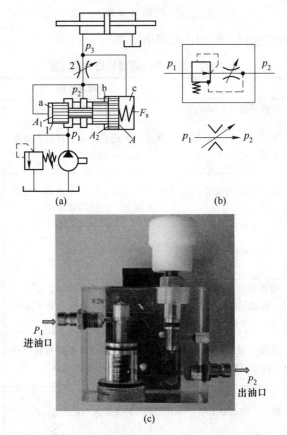

图 2-2-8　调速阀
（a）结构图；（b）图形符号；（c）实物图

B　调速阀和节流阀特性比较

调速阀和节流阀特性比较，如图 2-2-9 所示。从图中可看出，节流阀的流量随压差的变化较大，而调速阀在进出口压力差 Δp 大于一定数值后，流量保持基本恒定。调速阀在压差小于 Δp_{min} 区域内，减压阀不起减压作用，此时其流量特性与节流阀相同。因此，要使调速阀正常工作，必须保证有一个最小压力差（中低压调速为 0.5MPa）。

【提示】节流阀与调速阀在结构上有区别，在调速的性能上调速阀的速度稳定性优于节流阀，但调速的原理相同，都是通过改变节流阀的通流面积来调节流量大小。

C　调速阀的应用

图 2-2-10 所示为快慢速转换回路。在图示状态下，液压缸快进；当运动部件上的挡块压下行程阀 5 时，行程阀关闭，液压缸右腔的油液必须通过调速阀 6 才能流回油箱，液压缸就由快进转换为慢速工进。这种快慢速转换比较平稳，换接点位置比较准确，但行程发必须安装在执行元件附近，且不能改变位置，管道连接较为复杂。若将行程阀改换为电磁阀，则安装连接方便，但速度换接平稳性、可靠性和换接精度都较差。

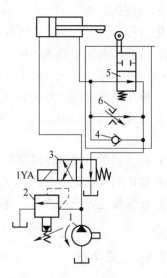

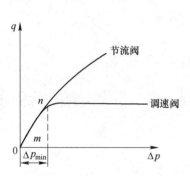

图 2-2-9　调速阀和节流阀特性比较

图 2-2-10　快慢速转换回路

1—泵；2—溢流阀；3—换向阀；4～6—单向行程调速阀

图 2-2-11 所示为两种工进速度转换回路，图 2-2-11（a）为两个调速阀串联来实现两次工进速度的换接回路，第二工进速度小于第一工进速度，调速阀 4 的开口小于调速阀 3，这种回路速度换接平稳性好。

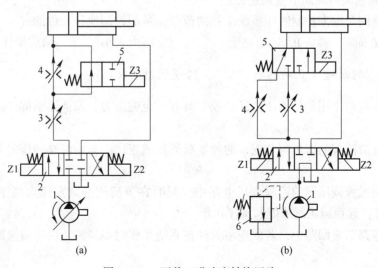

（a）　　　　　　　　　　　　　（b）

图 2-2-11　两种工进速度转换回路

（a）调速阀串联的慢速换接回路；（b）调速阀并联的慢速换接回路

图 2-2-12（b）为两个调速阀并联来实现两次进给速度的换接回路，两个调速阀可以分别调整，两次工进速度互不限制。

2.2.8 知识检测

2.2.8.1 填空题

（1）调速阀是由（　　　　）与（　　　　）串联而成的，这种阀无论其进出压力如何变化，其（　　　　）均能保持为定值，故能保证通流面积不变时流量稳定。

（2）节流阀两端压差 Δp 变化时，通过它的（　　　　）发生变化，三种结构形式的节流口中，通过（　　　　）小孔的流量受到压差改变的影响最小。

（3）液压系统的调速方法有（　　　　）、（　　　　）和（　　　　）。

（4）节流调速回路按流量阀安装位置的不同，分为（　　　　）、（　　　　）和（　　　　）。

（5）进、回油节流调速回路的功率损失有（　　　　）和（　　　　）。

（6）常用的快速运动回路有（　　　　）、（　　　　）和（　　　　）。

（7）在快慢速转换回路中，可用（　　　　）或（　　　　）实现执行元件快慢速的转换。

2.2.8.2 选择题

（1）某铣床要在切削力变化范围较大的场合下顺铣和逆铣工作，在选择该铣床的调速回路时，你认为选择下列调速回路中的（　　）比较合适。

A. 采用节流阀进油路节流调速回路

B. 采用节流阀回油路节流调速回路

C. 采用调速阀进油路节流调速回路

D. 采用调速阀回油路节流调速回路

（2）流量阀是用来控制液压系统工作的流量，从而控制执行元件的（　　）。

A. 运动方向　　　　B. 运动速度　　　　C. 压力大小　　　　D. 动作顺序

2.2.8.3 判断题（正确的打"√"，错误的打"×"）

（1）背压阀的作用是使液压缸回油腔中具有一定的压力，保证运动部件工作平稳。

（　　　）

（2）通过节流阀的流量与节流口的通流截面积成正比，与网两端的压差大小无关。

（　　　）

（3）利用远程调压网的远程调压电路中，只有在节流阀的调定压力高于远程调压阀的调定压力时，远程调压阀才能起调压作用。（　　　）

（4）在旁路节流回路中，若发现溢流阀在系统工作时不溢流，说明溢流阀有故障。

（　　　）

（5）节流阀与调速阀的调速性能相同。（　　　）

任务 2.3　方向控制回路

项目教学目标

知识目标：

（1）掌握方向控制阀的基础原理；

（2）掌握方向控制回路的特点和应用。

技能目标：

（1）能正确选用方向控制阀；

（2）能根据任务要求，设计和调试简单方向控制回路。

素质目标：

（1）遵守现场操作的职业规范，具备安全、整洁、规范实施工作任务的能力；

（2）具有良好的职业道德和职业责任感；

（3）具有资料检索能力、学习能力、表达能力、团队交流协作能力；

（4）具有不断开拓创新的意识。

知识目标

2.3.1　任务描述

方向控制回路的作用是利用各种方向阀来控制流体的通断和变向，以便使执行元件启动、停止和换向。

在液压系统中，工作机构的启动、停止或变化运动方向等都是利用控制进入执行元件液流的通、断及改变流动方向来实现的。实现这些功能的回路称为方向控制回路。常见的方向控制回路有换向回路和锁紧回路。

2.3.2　任务分析

通过安装典型速度方向回路，掌握各类方向阀的应用特点；通过调试典型方向控制回路，会对比各类方向控制阀的应用特点，会运用方向控制阀实现工作机构的启动、停止或变化运动方向。

2.3.3　任务材料清单

任务材料清单见表 2-3-1。

2.3.4　相关知识

图 2-3-1 所示为手动换向阀控制回路图。

本任务是看懂回路图并且在实验台上进行安装调试，观察换向阀如何控制执行元件运动的方向。

扳动换向阀 3 手柄向左边时，油缸活塞杆伸出；扳动换向阀 3 手柄向右时，活塞杆缩回。

表 2-3-1 需要器材清单

名称	型号	数量	备注
液压实训台		1	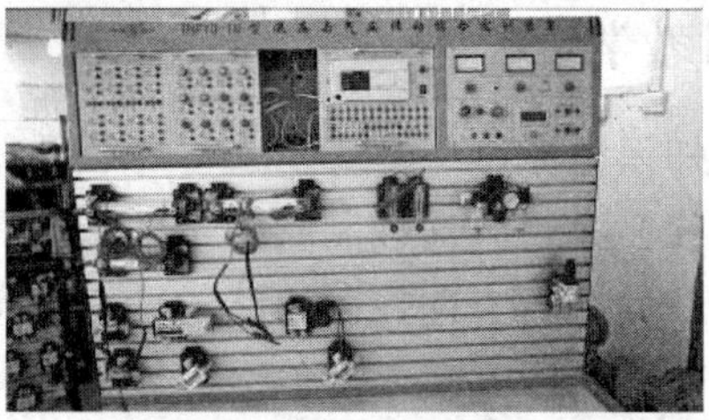
液压缸	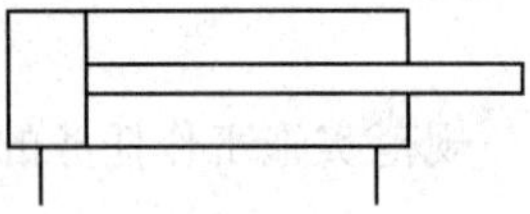	1	
直动式溢流阀	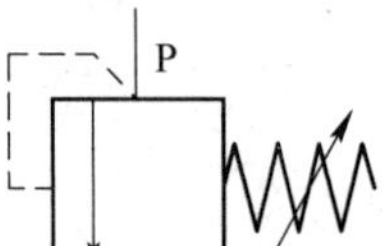	1	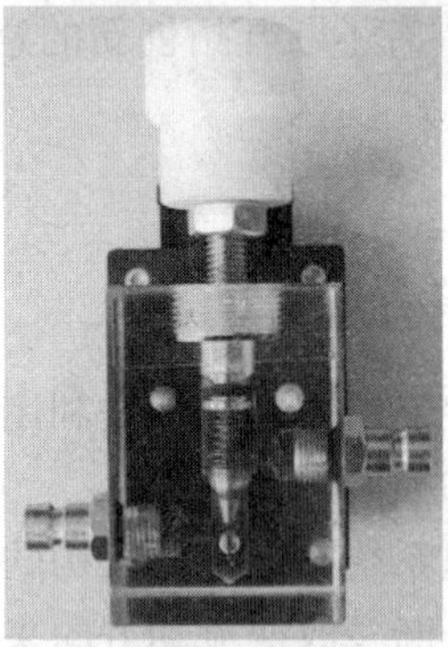
二位四通手动换向阀	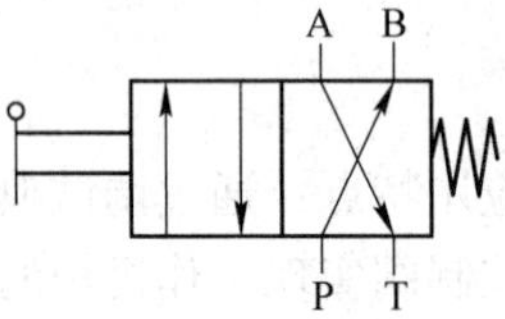	1	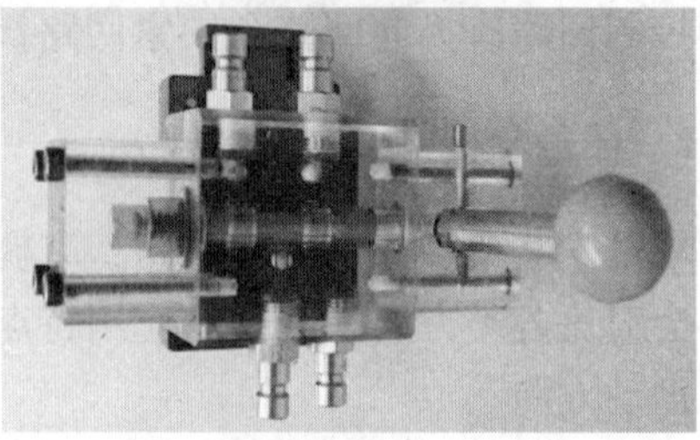
压力表	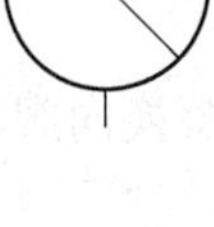	1	

名称	型　号	数量	备　注
液压油管	——————	若干	

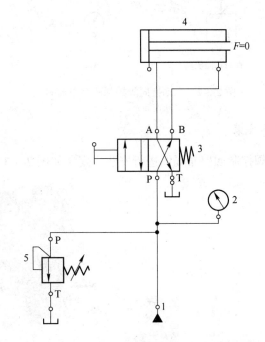

图 2-3-1　手动换向阀控制回路

1—液压站；2—透明压力表；3—透明二位四通手动换向阀；
4—透明溢流阀透明双作用液压缸；5—直动式溢流阀

技能目标

2.3.5　工艺要求

手动换向阀控制回路安装与调试步骤如下。

2.3.5.1　准备工作

（1）设备清点。按表 2-3-1 清点设备型号规格及数量，并领取液压元件及相关工具。

（2）图样准备。施工前准备好设备控制回路图、设备布局图，供作业时查阅。手动换向阀控制回路的元件安装位置如图 2-3-2 所示。

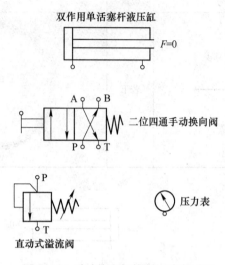

双作用单活塞杆液压缸

$F=0$

二位四通手动换向阀

直动式溢流阀　　压力表

图 2-3-2　手动换向阀控制回路布局图

2.3.5.2　液压回路安装

（1）根据手动换向阀控制回路布局图进行安装。安装如图 2-3-3 所示

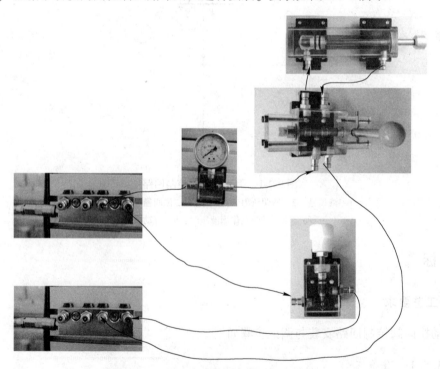

图 2-3-3　手动换向阀控制回路安装示意图

（2）液压回路检查。对照手动换向阀控制回路布局图检查液压回路的正确性、可靠性，严禁调试过程中出现油管脱落现象，确保安全。

2.3.5.3　设备调试

清扫设备后，在确认人身和设备安全的前提下进行调试。调试时要认真观察设备的动作情况，若出现问题，应立即切断电源，避免扩大故障范围，待调整、检修或解决后重新调试，直至设备完全实现功能。

2.3.5.4　现场清理

设备调试完毕，要求操作者清点工量具、归类整理资料，并清扫现场卫生。
（1）清点工量具。对照工量具清单清点工具，并按要求装入工具箱。
（2）资料整理。整理归类技术说明书、设备清单、控制回路图、设备布局图等资料。
（3）清扫设备周围卫生，保持环境整洁。

2.3.6　任务实施

2.3.6.1　安装调试压力控制回路

接到任务后，小组内先讨论实施方案，然后根据每一位成员的能力进行分工，在整个过程中，小组内要有良好的讨论氛围，每位成员都有任务，具体的实施步骤如图 2-1-13 所示。

2.3.6.2　评价

表 2-3-2 为方向控制回路过程评价表。

表 2-3-2　方向控制回路过程评价表

验收项目	验收要求	配分标准	分值	扣分	得分
施工准备	1. 穿戴好劳保用品 2. 正确选取元器件 3. 正确领取工量具	1. 劳保用品穿戴不规范扣10分 2. 领取元器件错误，错一个扣1分，扣完为止	20		
液压回路搭建	1. 元器件安装可靠、正确 2. 油路连接正确，规范美观 3. 安装管路动作规范 4. 正确连接设计的液压回路，管路无错误	1. 管路脱落一次扣1分，扣完为止 2. 错装一次管路扣1分，管路出现大变形一条扣1分，扣完为止	25		
液压回路调试	1. 检查泵站、油液位、电机是否正常 2. 液压系统最大压力值调定 3. 轻载启动 4. 按要求扳动换向阀的手柄，观察执行元件的运动方向	1. 不检查泵站扣1分 2. 带载荷启动电机扣2分 3. 未轻载气动扣1分 4. 未按要求扳动换向阀的扣2分	30		

验收项目	验收要求	配分标准	分值	扣分	得分
安全生产	1. 自觉遵守安全文明生产规程 2. 保持现场干净整洁，工具摆放有序 3. 是否伤害到别人或者自己、物件是否掉地等不安全操作 4. 人离开工作台是否卸载	1. 导线、液压元器件、油管掉地扣 2 分 2. 人离开工作台未卸载扣 2 分 3. 出现安全事故扣 20 分	25		
总　　分					

搭档：　　　　　　　　　　　任务耗时：

2.3.7　知识链接

根据用途不同，液压控制阀可分为三大类。

（1）方向控制阀：单向阀、换向阀等。

（2）压力控制阀：溢流阀、减压阀、顺序阀等。

（3）流量控制阀：节流阀、调速阀等。

根据不同的用途，这三类阀可以相互组合，成为复合阀，以减少管路连接，如单向节流阀。下面具体介绍方向控制阀及方向控制回路，方向控制阀分为单向阀和换向阀两类。

2.3.7.1　单向阀

单向阀的主要作用是控制液压系统管道中的液压油的流动方向，使管道中的油液只能单方向流动。根据单向阀的工作原理可以分为直动式单向阀（普通单向阀）和液控单向阀两种。

A　普通单向阀

普通单向阀按照其进出油口之间的位置关系可以分为直通式和直角式两种。图 2-3-4 所示为直通式普通单向阀的外形图和功能符号图。压力油从阀体左端的进油口 P_1 流入时，克服弹簧作用在阀芯上的力，使阀芯向右移动，打开阀口，并通过阀芯上的径向孔、轴向孔从阀体右端的出油口流出。当压力油从阀体右端的出油口 P_2 流入时，它和弹簧力一起使阀芯锥面压紧在阀座上，使阀口关闭，油液无法通过。

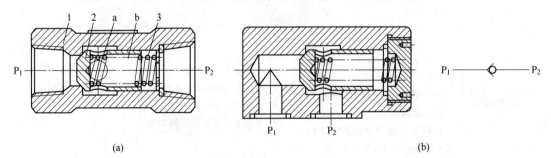

(a)　　　　　　　　　　　　　　　　　　　　　　　(b)

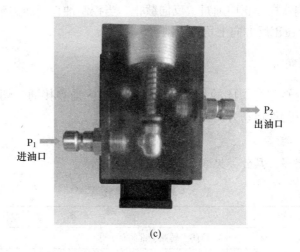

(c)

图 2-3-4 单向阀

(a) 结构图；(b) 图形符号；(c) 实物图

B 液控单向阀

图 2-3-5 所示为液控单向阀。它比普通单向阀多一控制口，当控制口 X 不通压力油时，

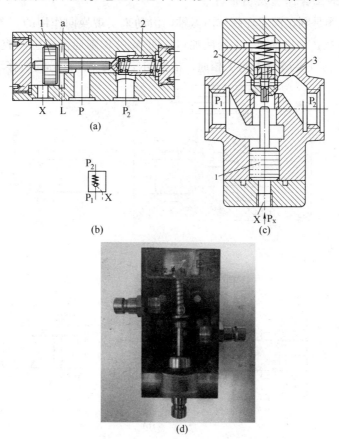

图 2-3-5 液控单向阀

(a) 结构图；(b) 图形符号；(c) 工作原理；(d) 实物图

其工作和普通单向阀一样，正向通过，反向截止。当控制油口通压力油时，控制活塞 1 便顶开阀芯 2，使油液在正反方向上均可流动。

2.3.7.2　换向阀

换向阀利用改变阀芯与阀体的相对位置，控制相应油路接通、切断或变换油液的方向，从而实现对执行元件运动方向的控制。

A　换向阀的分类

换向阀的种类很多，其分类见表 2-3-3。

表 2-3-3　换向阀的分类

分类方式	类　　型
按阀芯结构及运动方式	滑阀、转阀、锥阀
按阀的工作位置和通路数	二位二通、二位三通、二位四通、三位四通、三位五通
按阀的操纵方式	手动、机动、电磁动、液动、电液动
按阀的安装方式	管式、板式、法兰式等

B　换向阀的工作原理及图形符号

滑阀式换向阀是利用阀芯在阀体内做轴向滑动来实现换向作用的。图 2-3-6 所示为滑阀式换向阀，其中 P 为进油口，T 为回油口，而 A 和 B 则通液压缸两腔。当阀芯处于图 2-3-6（a）位置时，P 与 B、A 与 T 相通，活塞向左运动。当阀芯向右移动至图 2-3-6（b）

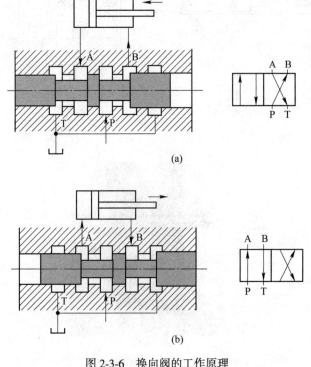

图 2-3-6　换向阀的工作原理

（a）工作位置 1；（b）工作位置 2

位置时，P 与 A、B 与 T 相通，活塞向右运动。

表 2-3-4 列出了几种常用的滑阀式换向阀的结构原理图以及相应的图形符号。

表 2-3-4 滑阀式换向阀的结构原理图及图形符号

名　称	结构原理图	图形符号
二位二通	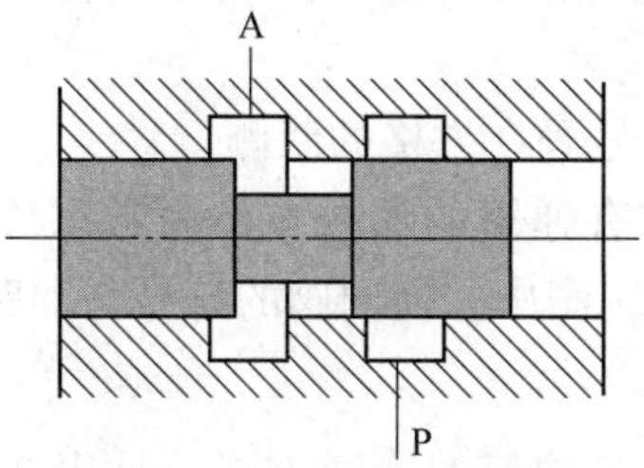	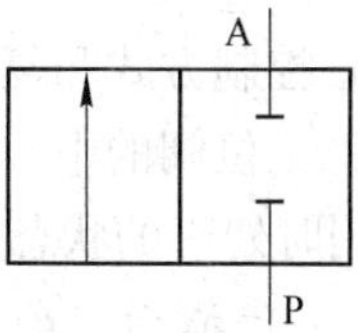
二位三通	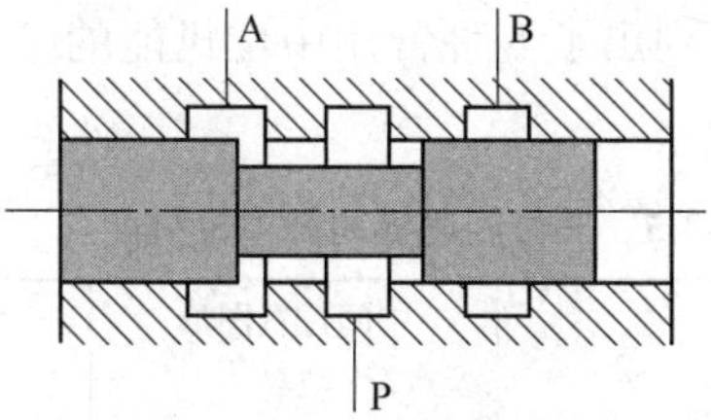	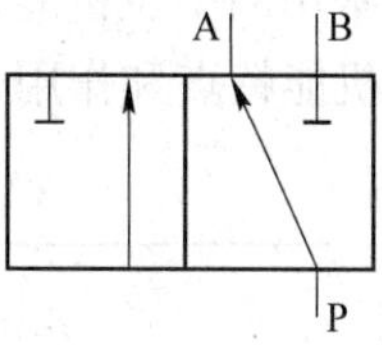
二位四通	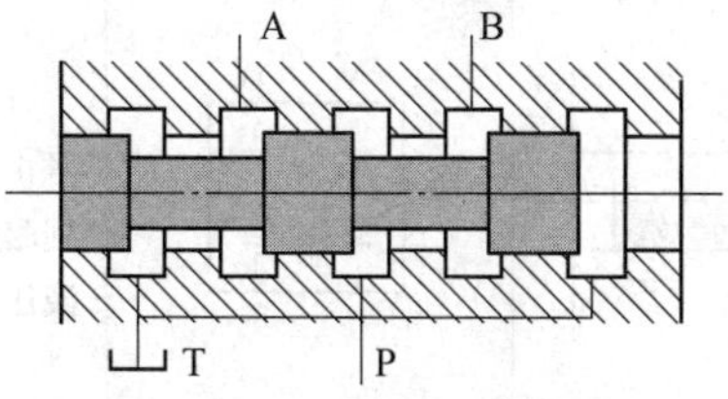	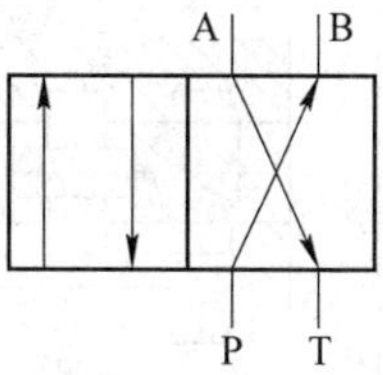
二位五通	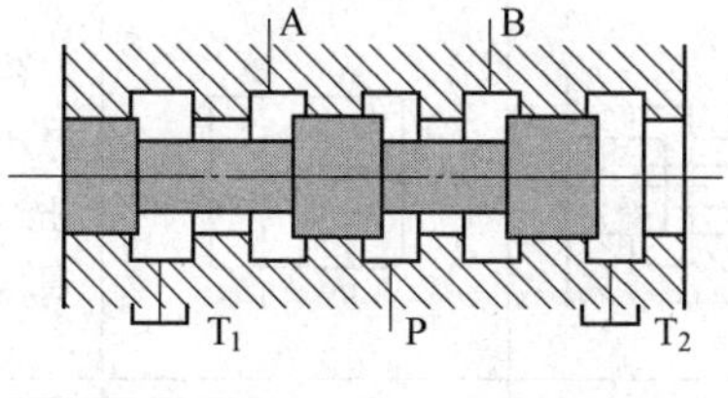	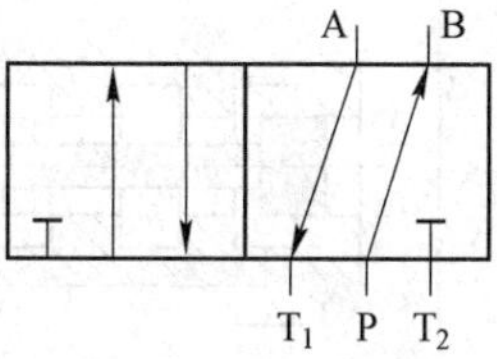
三位四通	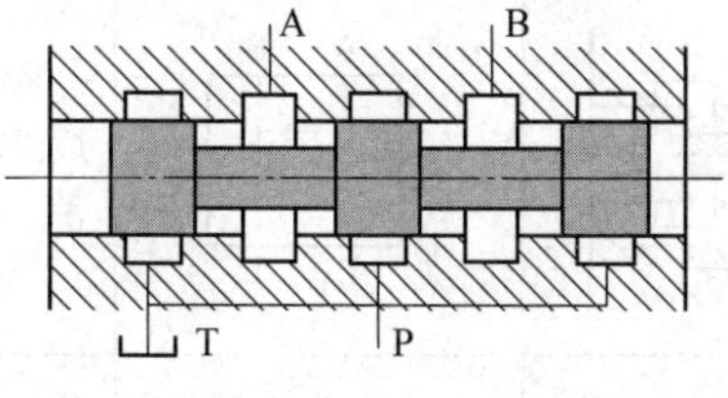	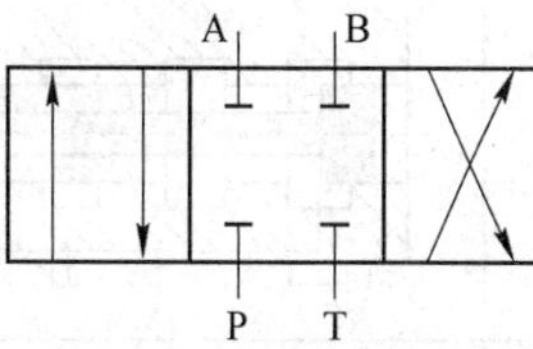
三位五通	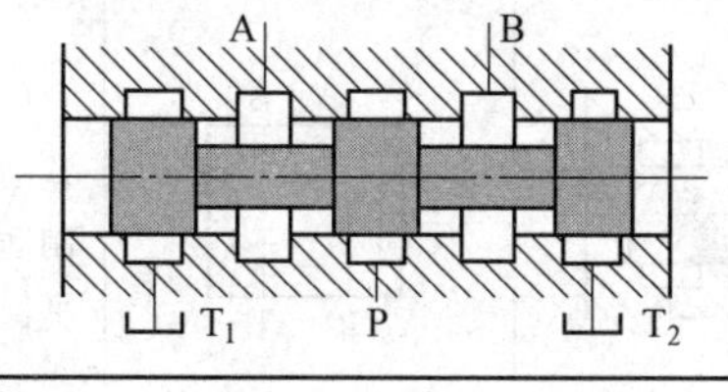	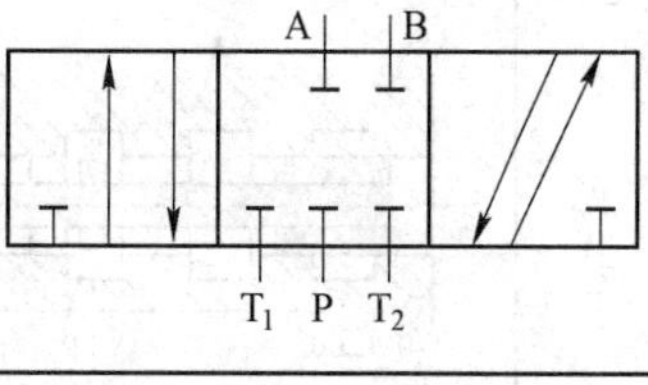

图形符号表示的含义为：

（1）用方格数表示换向阀的"位"，即阀芯在阀体内有几个工作位置，三个方格即三个工作位置。

（2）在一个方格内，箭头"↑"或堵塞符号"⊥"与方格的相交点数为油口通路数。箭头"↑"表示两油口相通，并不表示实际流向；"⊥"表示该油口不通流。

（3）P 表示进油口，T 表示通油箱的回油口，A 和 B 表示连接其他两个工作油路的油口。

（4）控制方式和复位弹簧的符号画在方格的两侧。

（5）三位阀的中位，二位阀靠有弹簧的那一方格为常态位，常态指当换向阀没有操纵力作用时处于的状态。在液压系统图中，换向阀的符号与油路的连接应画在常态位上。

C 三位换向阀的中位机能

中位机能：三位换向阀中位时各油口的连通方式。见表 2-3-5 分别为 O、H、Y、P、M 五种常用的中位机能。表 2-3-5 列出了 5 种常用中位机能的结构原理、机能代号、图形符号及机能特点和作用。

表 2-3-5 三位四通换向阀中位机能

机能代号	结构原理图	中间位置图形符号	机能特点和作用
O			各油口全部封闭，缸两腔闭锁，泵不卸荷，液压缸充满油，从静止到起动平稳；制动时运动惯性引起液压冲击较大；换向位置精度高
H			各油口全部连通，泵卸荷，缸成浮动状态，缸两腔接通油箱，从静止到起动有冲击；制动时油口互通，换向平稳；但换向位置变动大
Y			泵不卸荷，缸两腔通回油箱，缸成浮动状态，从静止到起动有冲击。制动性能介于 O 型与 H 型之间
P			压力油 P 与缸两腔连通，可实现差动回路，从静止到起动较平稳；制动时缸两腔均通压力油，故制动平稳；换向位置变动比 H 型的小

机能代号	结构原理图	中间位置图形符号	机能特点和作用
M			泵卸荷，缸两腔封闭，从静止到起动较平稳；换向时与 O 型相同，可用于泵卸荷液压缸锁紧的液压回路中

D 三种常用换向阀的结构

a 手动换向阀

手动换向阀是用手动杠杆操纵阀芯换向。它有自动复位式、钢球定位式两种。图 2-3-7（a）所示为自动复位式，可用手操纵使阀在左位或右位工作，但当操纵力取消后，阀芯便在弹簧力作用下自动恢复至中位，停止工作。因而适用于动作频繁、工作持续时间短、必须由人工操纵的场合，如工程机械的液压系统。图 2-3-7（b）所示为钢球定位式手动换向阀，其阀芯端部的钢球定位装置可使阀芯分别停止在左、中、右 3 个不同的位置上，当松开手柄后，阀仍保持在原来的工作位置上，可用于工作时间较长的场合。

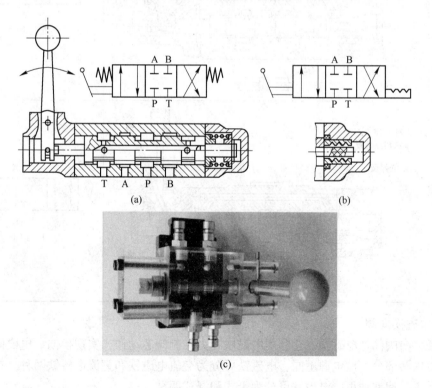

图 2-3-7 手动换向阀

（a）自动复位式；（b）钢球定位式手动换向阀；（c）实物图

表 2-3-6 为自动复位式手动换向阀工作过程。

表 2-3-6 手动换向阀工作过程

手柄位置	结构示意图	图形符号位置
左位		
松开手柄,手柄自动复位到中间位置		
右位		

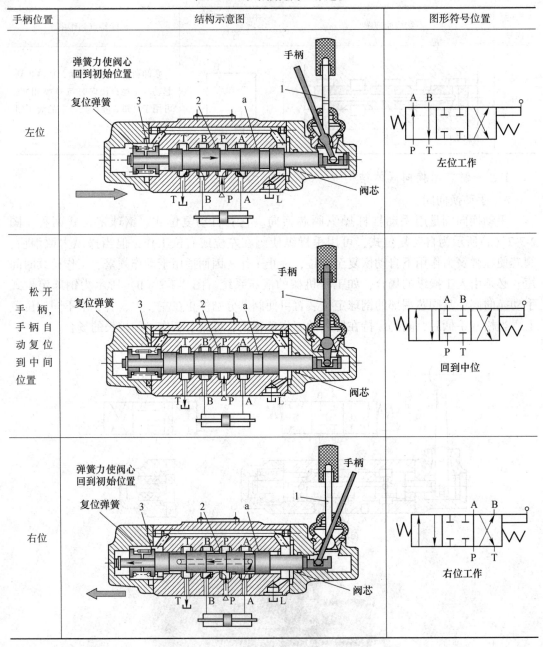

b 电磁换向阀

电磁换向阀简称电磁阀,它利用电磁铁吸力控制阀芯动作,实现换向。电磁阀包括滑阀和电磁铁两部分,按电源不同,电磁铁可分为交流电磁铁和直流电磁铁两种。按电磁铁的衔铁是否浸泡在油里,电磁铁可分为干式和湿式两种。

电磁阀工作原理如图 2-3-8 所示。

(1) 二位三通电磁换向阀。

断电时:P→A,B 不通;通电时:P→B,A 不通。

（2）三位四通电磁换向阀。

当电磁铁都断电时：P、A、B、T都不通；左端电磁铁通电时：P→A、B→T；

右端电磁铁通电时：P→B、A→T。

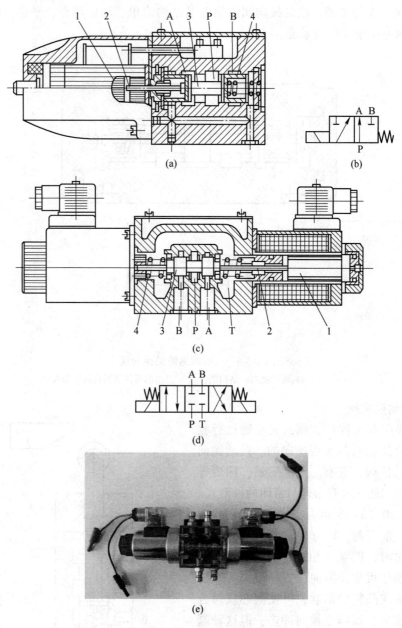

图 2-3-8 电磁换向阀

（a）二位三通电磁换向阀结构图；（b）二位三通电磁换向阀图形符号；

（c）三位四通电磁换向阀结构图；（d）三位四通电磁换向阀图形符号；

（e）三位四通电磁换向阀实物图

c 液动换向阀

液动换向阀利用控制油路的压力油推动阀芯实现换向。图 2-3-9 所示为三位四通液动换向阀的结构及符号。当阀芯两端控制油口 X_1、X_2 都不通入压力油时，阀芯在弹簧力的作用下处于图示位置，此时 P、A、B、T 口互不相通。当 X 通压力油时，X_2 接通回油时，阀芯右移，此时 P 与 A 通，B 与 T 通。当 X_2 接通压力油、X_1 接通回油时，阀芯左移，此时 P 与 B 通，A 与 T 通。液动换向阀的优点是结构简单、动作可靠、平稳，由于液压驱动力大，故可用于大流量系统。

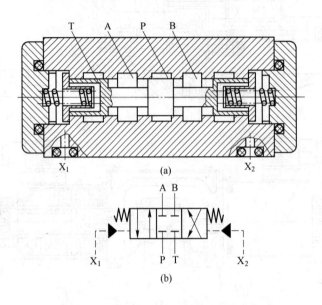

图 2-3-9　三位四通液动换向阀

（a）三位四通液动换向阀结构图；（b）三位四通液动换向阀图形符号

d　机动换向阀

机动换向阀又称行程阀，它是通过行程挡块或凸轮推动阀芯实现换向的。机动换向阀通常为二位阀，它有二通、三通、四通等几种。二位二通阀又有常开与常闭两种形式。

图 2-3-10（a）所示为二位三通机动换向阀的结构。常态时，P 与 A 相通；当行程挡块压下滚轮时，P 与 B 相通。机动换向阀结构简单，动作可靠，换向位置精度高。改变挡块的迎角或凸轮的形状，可使阀芯获得合适的换向速度，以减小换向冲击，但这种阀不能安装在液压泵站上，只能安装在运动部件的附件上。

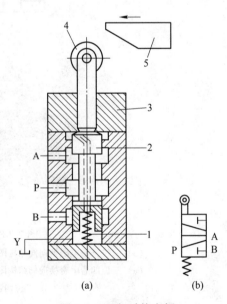

2.3.7.3　方向控制回路

常见的方向控制回路有换向回路、锁紧回路、制动回路。

图 2-3-10　机动换向阀

（a）结构图；（b）图形符号

1—弹簧；2—阀芯；3—阀上盖；4—滚轮；5—挡块

A　换向回路

（1）采用二位四通换向阀、三位四通换向阀都可以使双作用液压缸换向。二位阀只能使执行元件正反向运动，三位阀有中位，不同中位机能可使系统获得不同性能。

（2）依靠弹簧或重力返回的单作用液压缸用二位三通阀可使其换向。

（3）采用电磁换向阀可以方便地实现自动往复运动，但对流量较大和换向平稳性要求较高的场合，电磁换向阀的换向回路已不能适应，往往采用以手动换向阀或机动换向阀作先导阀而以液动换向阀为主阀的换向回路，或者采用电液动换向阀的换向回路。

B　锁紧回路

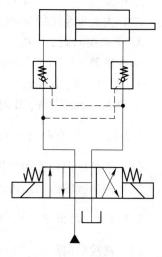

锁紧回路可使液压缸活塞在任一位置停止，并可防止其停止后因外界影响而发生漂移或窜动。可利用三位四通换向阀的 M 型、O 型中位机能实现锁紧。但由于滑阀的泄漏，活塞不能长时间保持停止位置不动，故锁紧精度不高。图 2-3-11 所示为采用液控单向阀的锁紧回路，在缸的两侧油路上串接一液控单向阀（液压锁），活塞可在行程的任何位置上长期锁紧，锁紧精度只受缸的泄漏和油液压缩性的影响。为了保证锁紧迅速、准确，换向阀应采用 H 型或 Y

图 2-3-11　锁紧回路

型中位机能。这种锁紧回路主要用于汽车起重机的支腿油路和矿山机械的液压支架的油路中。

2.3.8　知识检测

2.3.8.1　填空题

（1）换向阀的"位"是指（　　　　　）。

（2）换向阀的作用是利用（　　　　　）使油路（　　　　　）或（　　　　　）。

（3）按阀芯的运动的操纵方式不同，换向阀可分为（　　　　　）、（　　　　　）、（　　　　　）、（　　　　　）、（　　　　　）换向阀。

（4）液控单向阀当（　　　　　），反向导通。

（5）电磁换向阀的电磁铁按所接电源不同，可分为（　　　　　）和（　　　　　）两种；按衔铁工作腔是否有油液，又可分为（　　　　　）和（　　　　　）两种。

（6）三位换向阀的中位机能是阀在（　　　　　）时，油口的（　　　　　）。

（7）锁紧回路的作用是使液压缸活塞（　　　　　），并可防止其停止后因外界影响而发生（　　　　　）。

（8）换向阀的图形符号与油路连接应画在常态位上。三位阀常态是（　　　　　），二位阀常态是（　　　　　）。

2.3.8.2　选择题

（1）在液压系统原理图中，与三位换向阀连接的油路一般应画在换向阀符号的

（　　）位置上。

A. 左格　　　　　　　B. 右格　　　　　　　C. 中格

（2）在用一个定量泵驱动一个执行元件的液压系统中，采用三位四通换向阀使泵卸荷，中位机能应选用（　　）。

A. P 型　　　　　　　B. O 型　　　　　　　C. Y 型　　　　D. H 型

（3）大流量系统的主油路换向，应选用（　　）。

A. 手动换向阀　　　B. 电磁换向阀　　　C. 电液换向阀

（4）H 型三位四通换向阀的中位特点是（　　）。

A. P、T、A、B 相通　　　　　　　　B. A 与 B 相通，P、T 封闭

C. P 与 T 相通，A、B 封闭　　　　　D. P、T 封闭，A、B 封闭

2.3.8.3　判断题（正确的打"√"，错误的打"×"）

（1）液控单向阀的功能是只允许油液向一个方向流动。　　　　　　　　（　　）

（2）换向阀的换向是通过改变阀芯与阀体的相对位置来实现的。　　　　（　　）

2.3.8.4　画出下列方向阀的图形符号

（1）液控单向阀；　　　　　　　（2）二位二通电磁阀（常闭型）；

（3）三位四通电磁阀（O 型）　　（4）三位四通手动阀（自动复位式）。

任务 2.4　双缸顺序动作回路

项目教学目标

知识目标：

（1）掌握顺序阀的基本原理；

（2）掌握双缸顺序动作回路的特点和应用。

技能目标：

（1）能正确选用顺序阀；

（2）能根据任务要求，设计和调试双缸顺序动作回路。

素质目标：

（1）遵守现场操作的职业规范，具备安全、整洁、规范实施工作任务的能力；

（2）具有良好的职业道德和职业责任感；

（3）具有资料检索能力、学习能力、表达能力、团队交流协作能力；

（4）具有不断开拓创新的意识。

知识目标

2.4.1　任务描述

在机械液压传动中，有些执行元件的运动需要按严格的顺序依次动作。例如液压传动

中机床常要求先夹紧工件，然后使工作台移动以进行切削加工，这在液压传动系统中常采用顺序动作回路来实现。双缸顺序动作回路就是典型的顺序动作回路，是利用顺序阀来控制两个液压缸伸出、缩回的动作顺序。

2.4.2 任务分析

通过安装双缸顺序动作回路，掌握顺序阀的应用特点；通过安装调试双缸顺序动作回路，掌握顺序阀的应用特点。

2.4.3 任务材料清单

任务材料清单见表2-4-1。

表 2-4-1 需要器材清单

名 称	型 号	数量	备 注
液压实训台		1	
液压缸		2	
压力表		1	

名 称	型 号	数量	备 注
直动式溢流阀	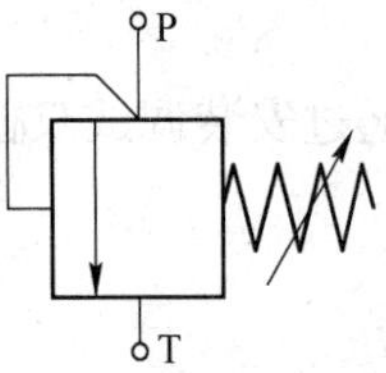 P T	1	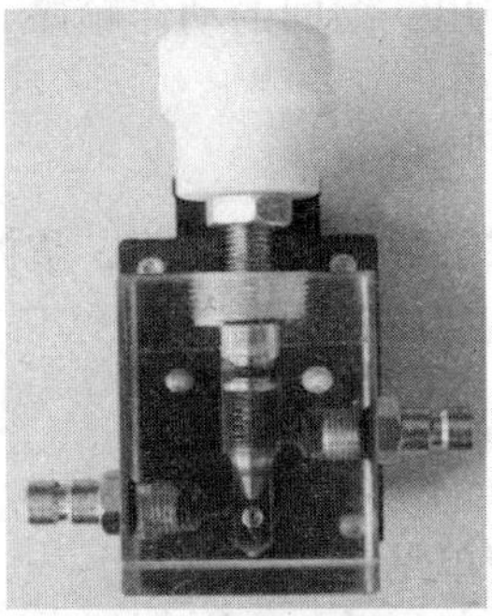
顺序阀	P₂ P₁	2	
单向阀	P₁ P₂	2	
二位四通手动换向阀	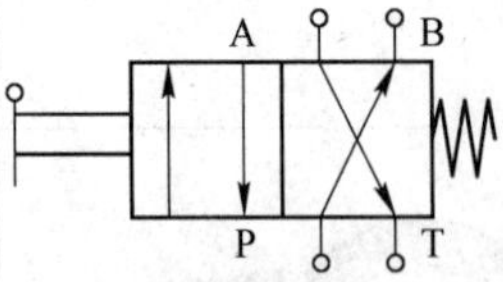 A B P T	1	
液压油管	——	若干	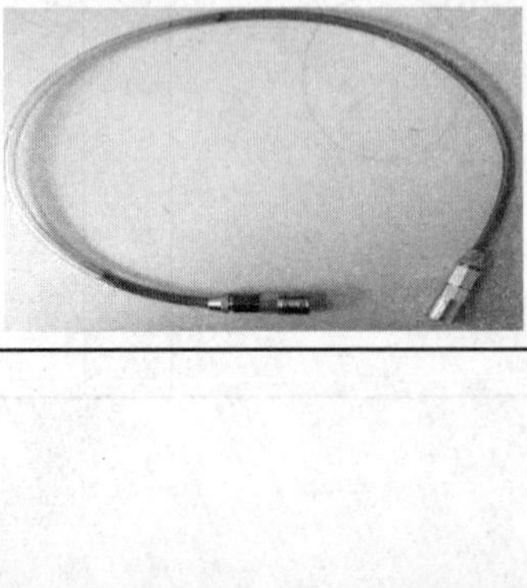

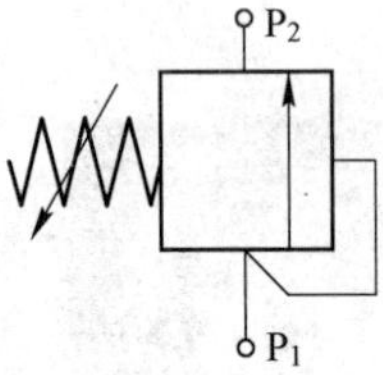

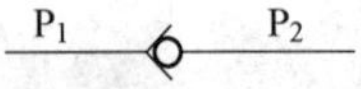

名称	型号	数量	备注
三通	⊥	若干	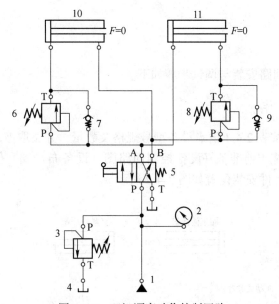

2.4.4 相关知识

图2-4-1所示为利用顺序阀控制的双缸顺序动作回路图。

图2-4-1 双缸顺序动作控制回路

1—液压站；2—压力表；3—直动式溢流阀；4—油箱；5—二位四通手动换向阀
6，8—顺序阀；7，9—单向阀；10，11—双作用单活塞杆液压缸

本任务是看懂回路图并且在实验台上进行安装调试，观察顺序阀如何控制执行元件的顺序动作。

采用顺序阀控制的顺序动作回路。阀6和阀8是由顺序阀与单向阀构成的组合阀——单向顺序阀。系统中有两个执行元件——夹紧液压缸11和加工液压缸10。两个液压缸按夹紧（活塞向右运动）做进给（活塞向右运动）——快退——松开的顺序动作。

夹紧：向右扳动二位四通手动阀，左位接入系统，压力油液进入夹紧液压缸左腔（由于系统压力低于单向顺序阀6的调定压力，顺序阀未开启），夹紧缸活塞向右运动实现夹紧，回油经阀8的单向阀流回油箱。

工进：当夹紧缸活塞右移到终点，工件被夹紧，系统压力升高，超过阀6中顺序阀调

定值时，顺序阀开启，压力油进入加工液压缸左腔，活塞向右运动进行加工，回油经换向阀回油箱。

快退：加工完毕后，向左扳动二位四通手动阀，右位接入系统，压力油液进入加工液压缸右腔（阀 8 的顺序阀未开启），回油经阀 6 的单向阀流回油箱，活塞向左快速运动实现快退。

松开：当加工缸活塞左移到达终点后，油压升高，使阀 8 的顺序阀开启，压力油液进入夹紧缸右腔，回油经换向阀回油箱，夹紧缸活塞向左运动松开工件，完成工作循环。

特点：

用顺序阀控制的顺序动作回路，其顺序动作的可靠程度主要取决于顺序阀的质量和压力调定值。为了保证顺序动作的可靠准确，应使顺序阀的调定压力大于顺序阀的液压缸的最高工作压力，以避免因压力波动使顺序阀先行开启。

这种顺序动作回路适用于液压缸数量不多、负载阻力变化不大的液压系统。

技能目标

2.4.5　工艺要求

手动换向阀控制回路安装与调试步骤如下。

2.4.5.1　准备工作

（1）设备清点。按表 2-4-1 清点设备型号规格及数量，并领取液压元件及相关工具。

（2）图样准备。施工前准备好设备控制回路图、设备布局图，供作业时查阅。双缸顺序动作控制回路的元件安装位置如图 2-4-2 所示。

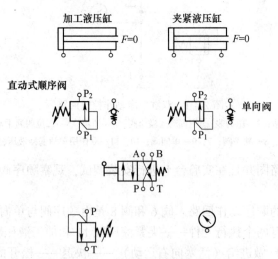

图 2-4-2　双缸顺序动作控制回路布局图

2.4.5.2　液压回路安装

（1）根据双缸顺序动作控制回路布局图进行安装，如图 2-4-3 所示。

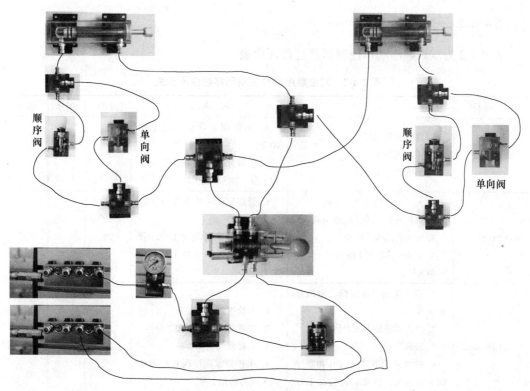

图 2-4-3 双缸顺序动作控制安装示意图

（2）液压回路检查。对照双缸顺序动作控制回路布局图检查液压回路的正确性、可靠性，严禁调试过程中出现油管脱落现象，确保安全。

2.4.5.3 设备调试

清扫设备后，在确认人身和设备安全的前提下进行调试。调试时要认真观察设备的动作情况，若出现问题，应立即切断电源，避免扩大故障范围，待调整、检修或解决后重新调试，直至设备完全实现功能。

2.4.5.4 现场清理

设备调试完毕，要求操作者清点工量具、归类整理资料，并清扫现场卫生。
（1）清点工量具。对照工量具清单清点工具，并按要求装入工具箱。
（2）资料整理。整理归类技术说明书、设备清单、控制回路图、设备布局图等资料。
（3）清扫设备周围卫生，保持环境整洁。

2.4.6 任务实施

2.4.6.1 安装调试压力控制回路

接到任务后，小组内先讨论实施方案，然后根据每一位成员的能力进行分工，在整个过程中，小组内要有良好的讨论氛围，每位成员都有任务，具体的实施步骤如图 2-1-13 所示。

2.4.6.2　评价

表 2-4-2 为双缸顺序动作控制回路过程评价表。

表 2-4-2　双缸顺序动作控制回路过程评价表

验收项目	验收要求	配分标准	分值	扣分	得分
施工准备	1. 穿戴好劳保用品 2. 正确选取元器件 3. 正确领取工量具	1. 劳保用品穿戴不规范扣10 分 2. 领取元器件错误，错一个扣 1 分，扣完为止	20		
液压回路搭建	1. 元器件安装可靠、正确 2. 油路连接正确，规范美观 3. 安装管路动作规范 4. 正确连接设计的液压回路，管路无错误	1. 管路脱落一次扣 1 分，扣完为止 2. 错装一次管路扣 1 分，管路出现大变形一条扣 1 分，扣完为止	25		
液压回路调试	1. 检查泵站、油液位、电机是否正常 2. 液压系统最大压力值调定 3. 轻载启动 4. 按要求调节顺序阀 6 和顺序阀 8 的压力，使夹紧缸和加工缸按先后顺序伸出、缩回	1. 不检查泵站扣 1 分 2. 带载荷启动电机扣 2 分 3. 未轻载气动扣 1 分 4. 未按要求调节顺序阀 6 和顺序阀 8 压力的扣 2 分	30		
安全生产	1. 自觉遵守安全文明生产规程 2. 保持现场干净整洁，工具摆放有序 3. 是否伤害到别人或者自己、物件是否掉地等不安全操作 4. 人离开工作台是否卸载	1. 工具、液压元器件、油管掉地扣 2 分 2. 人离开工作台未卸载扣 2 分 3. 出现安全事故扣 20 分	25		
总　　分					

搭档：　　　　　　　任务耗时：

2.4.7　知识链接

2.4.7.1　顺序阀的结构与原理

顺序阀以压力为控制信号，自动接通或断开某一支路压力阀，可以实现各执行元件动作的先后顺序。按控制方式不同，顺序阀可分为内控式和外控式。外控式也称为液控式。按结构不同，顺序阀可分为直动式和先导式。

顺序阀的工作原理与溢流阀相似，其主要区别在于：溢流阀的出油口接油箱，顺序阀的出口接执行元件。顺序阀的内泄漏油不能用通道与出油口相连，而必须和专用的泄油口接通油箱。

图 2-4-4 所示为直动式顺序阀，常态下进油口 P_1 与出油口 P_2 不通。进口油液经阀

体 3 和下盖 1 上的油道到控制活塞 2 的底部，当进口油压低于弹簧 5 前调定压力时。阀口关闭。当进口油压力高于弹簧调定压力时，控制活塞 2 在油液压力作用下克服弹簧力将阀芯 4 顶起，使 P_1 与 P_2 相通，弹簧腔的泄漏油从泄油口 Y 流回油箱。因顺序阀的控制油直接从进油口 P_1 引入，故称为内控外泄式顺序阀。将图 2-4-4 中的下盖 1 旋转 90°或 180°安装，切断原控制油路，将外控口 X 的螺塞取下，接通控制油路，则阀开启压力由外部压力油控制，构成外控外泄顺序阀。若再将上盖旋转 180°安装，并将外泄口 Y 堵塞，弹簧腔与出油口相通，构成外控内泄顺序阀。图 2-4-5 所示为先导式顺序阀。

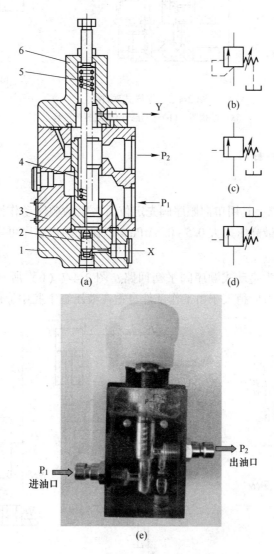

图 2-4-4 直动式顺序阀

（a）结构图；（b）内控外泄式图形符号；（c）液控外泄式图形符号；

（d）液控内泄式图形符号；（e）实物图

1—下盖；2—活塞；3—阀体；4—阀芯；5—弹簧；6—上盖

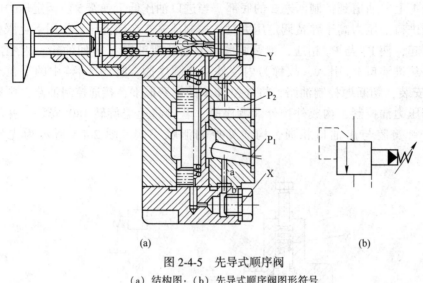

(a)　　　　　　　　　　　　　　　　　(b)

图 2-4-5　先导式顺序阀

（a）结构图；（b）先导式顺序阀图形符号

2.4.7.2　顺序阀的应用

A　顺序动作回路

图 2-4-6 所示为机床夹具用单向顺序阀先定位后夹紧的顺序动作回路。顺序阀的调整压力至少应比先动缸的最高压力大 0.5~0.8MPa，以保证动作顺序可靠。

B　平衡回路

图 2-4-7 （a）所示为直动式顺序阀平衡回路，图 2-4-7 （b）所示为液控顺序阀平衡回路。顺序阀的调定压力应稍大于由工作部件自重在液压缸下腔中形成的压力。

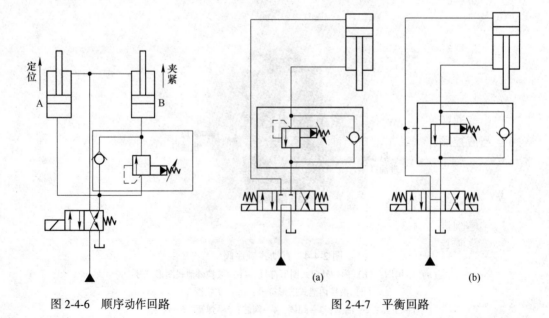

图 2-4-6　顺序动作回路　　　　　　　　　　　图 2-4-7　平衡回路

2.4.8　知识检测

2.4.8.1　填空题

（1）顺序阀按控制方式分可分为（　　　）和（　　　）。

（2）顺序阀在液压系统中的作用主要是利用液压系统中的（　　　）来控制油路的（　　　），从而实现某些液压元件按一定的（　　　）动作。

（3）根据结构和工作原理的不同，顺序阀可分为（　　　）顺序阀和（　　　）顺序阀两种，一般多使用（　　　）顺序阀。

（4）顺序阀实现顺序动作时连接方式（　　　）；用作卸荷阀时（　　　）。

（5）采用单向顺序阀的压力控制顺序动作回路，其顺序动作的可靠性在很大程度上取决于顺序阀的（　　　）及其（　　　）。

2.4.8.2　选择题

（1）（　　）属于压力控制阀。

A. 换向阀　　　　　　B. 节流阀　　　　　　C. 顺序阀

（2）顺序阀属于（　　）控制阀。

A. 方向　　　　　　　B. 压力　　　　　　　C. 流量

（3）（　　）在液压传动系统中的主要作用是利用液压传动系统中的压力变化来控制油路的通断，从而实现某些液压元件按一定的顺序动作。

A. 溢流阀　　　　　　B. 减压阀　　　　　　C. 顺序阀

（4）在液压系统中，（　　）的出油口与工作回路相连。

A. 溢流阀　　　　　　B. 顺序阀　　　　　　C. 减压阀

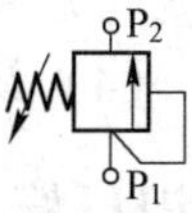

（5）图 2-4-8 所示为（　　）的图形符号。

A. 溢流阀　　　　　　B. 顺序阀　　　　　　C. 减压阀

图 2-4-8

2.4.8.3　判断题（正确的打"√"，错误的打"×"）

（1）采用顺序阀的多缸顺序动作回路，其顺序阀的调整压力应低于先动作液压缸的最大工作压力。（　　　）

（2）当普通顺序阀的出油口与油箱连通时，顺序阀即可当溢流阀用。（　　　）

（3）当液控顺序阀的出油口与油箱连通时，顺序阀即可当卸荷阀用。（　　　）

（4）非工作状态下，顺序阀常开，溢流阀常闭。（　　　）

（5）顺序阀打开后，其进油口的油液压力可允许持续升高。（　　　）

（6）在液压系统中，顺序阀的出油口与油箱相连。（　　　）

（7）顺序阀进油口是常开的原始状态。（　　　）

（8）顺序阀与溢流阀一样，出口油液压力等于零。（　　　）

2.4.8.4　简答题

（1）顺序阀和溢流阀是否可以互换使用？

（2）试比较溢流阀、顺序阀（内控外泄式）二者之间的异同点。

模块 3 继电器控制的液压传动回路

任务 3.1 继电器控制一个液压缸工作

项目教学目标

知识目标：

(1) 掌握继电器的基本原理；

(2) 掌握继电器控制一个液压缸运动工作的特点。

技能目标：

(1) 能正确选用继电器；

(2) 能根据任务要求，安装、调试用继电器控制一个液压缸运动回路的能力。

素质目标：

(1) 遵守现场操作的职业规范，具备安全、整洁、规范实施工作任务的能力；

(2) 具有良好的职业道德和职业责任感；

(3) 具有资料检索能力、学习能力、表达能力、团队交流协作能力；

(4) 具有不断开拓创新的意识。

知识目标

3.1.1 任务描述

利用继电器控制的原理，用点动按钮来实现液压缸的伸出与缩回的动作。

3.1.2 任务分析

通过安装继电器控制一个液压缸的液压回路和电气回路，掌握继电器控制与液压控制的应用特点。

3.1.3 任务材料清单

任务材料清单见表 3-1-1。

3.1.4 相关知识

图 3-1-1 所示为利用继电器控制一个液压缸工作的回路图。

本任务是看懂回路图并且在实验台上进行安装调试，观察继电器如何控制执行元件动作。

表 3-1-1 器材清单

名　称	型　　号	数量	备　　注
液压实训台		1	
直动式溢流阀	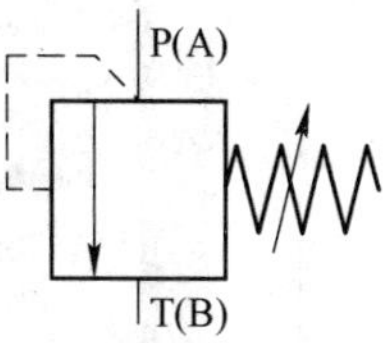	1	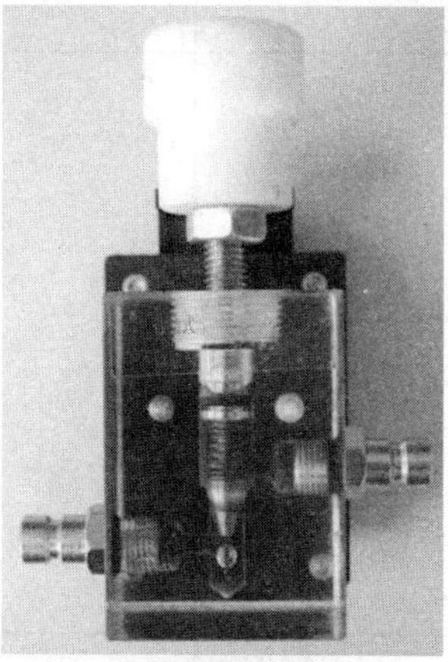
压力表	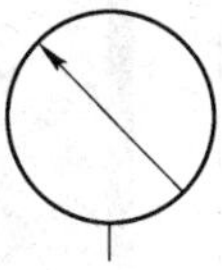	1	
双作用液压缸	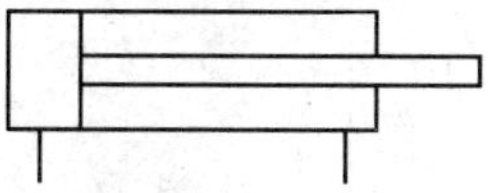	1	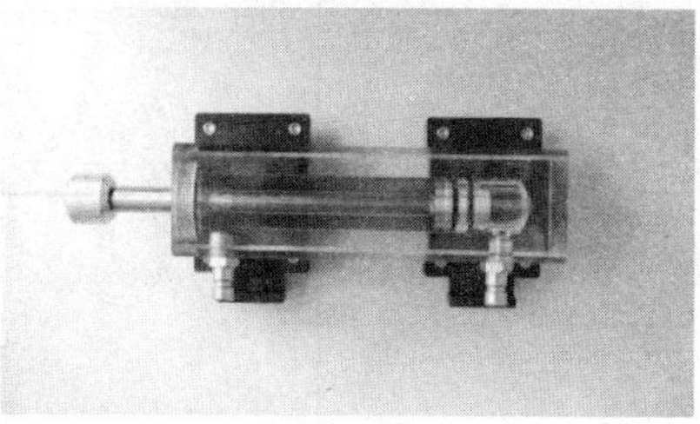

名　称	型　号	数量	备　注
二位四通电磁换向阀	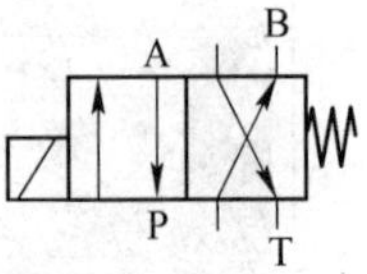	1	
中间继电器模块		1	
按钮模块		1	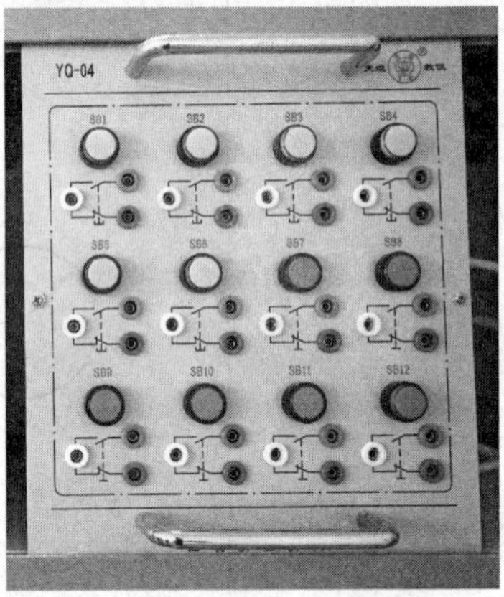
液压油管	——————	若干	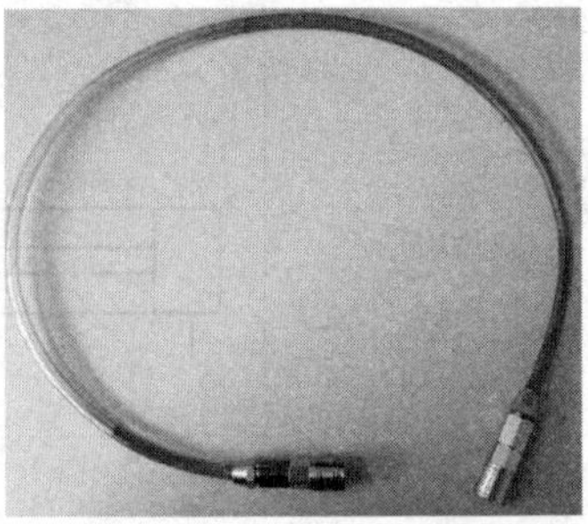

名　称	型　号	数量	备　注
电线	——————	若干	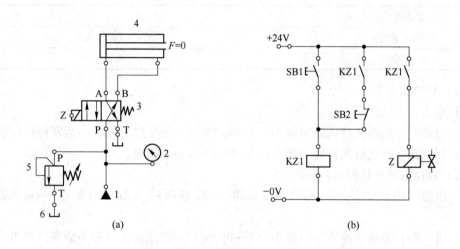

图 3-1-1　继电器控制一个液压缸工作回路图

（a）液压回路图；（b）电气接线图

1—液压站；2—压力表；3—二位四通电磁换向阀；4—液压缸；5—直动式溢流阀；6—油箱

首先按液压回路图接好实际油路，接线步骤如下：

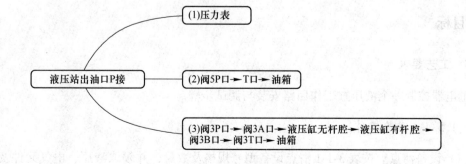

然后根据电气接线图接好电气控制回路，接线步骤如下：

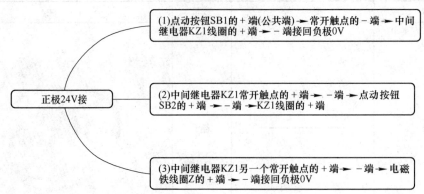

正极 24V 接

(1) 点动按钮 SB1 的 + 端(公共端) → 常开触点的 - 端 → 中间继电器 KZ1 线圈的 + 端 → - 端接回负极 0V

(2) 中间继电器 KZ1 常开触点的 + 端 → - 端 → 点动按钮 SB2 的 + 端 → - 端 → KZ1 线圈的 + 端

(3) 中间继电器 KZ1 另一个常开触点的 + 端 → - 端 → 电磁铁线圈 Z 的 + 端 → - 端接回负极 0V

继电器控制一个液压缸工作回路的整体分析：

换向阀电磁铁动作顺序表见表 3-1-2。

表 3-1-2　换向阀电磁铁动作顺序

液压缸活塞杆动作	Z
活塞杆伸出	+
活塞杆缩回	-

（1）初始状态下：

1）电路：无动作。

2）进油路：油液从液压站→阀 3P 口→阀 3B 口→液压缸有杆腔→活塞杆没有动作。

3）回油路：液压缸无杆腔→阀 3A 口→阀 3T 口→回油箱。

（2）液压缸活塞杆伸出：

1）电路：按下 SB1→SB1 常开触点接通→KZ1 线圈+→KZ1 常开触点+→电磁铁线圈 Z+。

2）进油路：油液从液压站→阀 3P 口→阀 3A 口→液压缸无杆腔→活塞杆伸出。

3）回油路：液压缸有杆腔→阀 3B 口→阀 3T 口→回油箱。

（3）液压缸活塞杆缩回：

1）电路：按下 SB2→KZ1 线圈-→KZ1 常开触点-→电磁铁线圈 Z-。

2）进油路：油液从液压站→阀 3P 口→阀 3B 口→液压缸有杆腔→活塞杆缩回。

3）回油路：液压缸无杆腔→阀 3A 口→阀 3T 口→回油箱。

技能目标

3.1.5　工艺要求

继电器控制一个液压缸工作回路安装与调试步骤。

3.1.5.1　准备工作

（1）设备清点。按表 3-1-1 清点设备型号规格及数量，并领取液压、电气元件及相关工具。

（2）图样准备。施工前准备好设备控制回路图、设备布局图，供作业时查阅。双缸顺序动作控制回路的元件安装位置如图 3-1-2 所示。

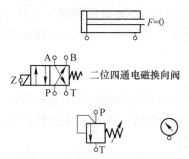

图 3-1-2　继电器控制一个液压缸工作回路布局图

3.1.5.2　液压回路安装

（1）根据继电器控制一个液压缸工作回路布局图进行安装。安装如图 3-1-3 所示。

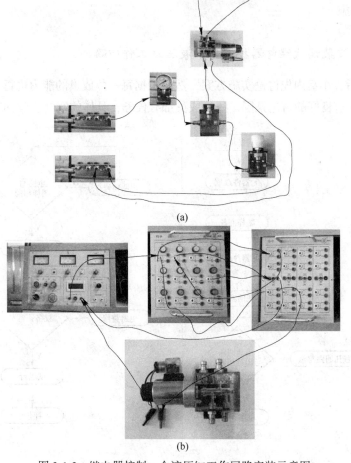

(a)

(b)

图 3-1-3　继电器控制一个液压缸工作回路安装示意图

（a）液压回路示意图；（b）电气回路示意图

（2）液压回路检查。对照图 3-1-3 继电器控制一个液压缸工作回路安装示意图（a）检查液压回路的正确性、可靠性，严禁调试过程中出现油管脱落现象，确保安全。

（3）电气回路检查。对照图 3-1-3 继电器控制一个液压缸工作回路安装示意图（b）检查电气回路的安全性、正确性，严禁调试过程中出现电线脱落现象，确保安全。

3.1.5.3　设备调试

清扫设备后，在确认人身和设备安全的前提下进行调试。调试时要认真观察设备的动作情况，若出现问题，应立即切断电源，避免扩大故障范围，待调整、检修或解决后重新调试，直至设备完全实现功能。

3.1.5.4　现场清理

设备调试完毕，要求操作者清点工量具、归类整理资料，并清扫现场卫生。

（1）清点工量具。对照工量具清单清点工具，并按要求装入工具箱。

（2）资料整理。整理归类技术说明书、设备清单、控制回路图、设备布局图等资料。

（3）清扫设备周围卫生，保持环境整洁。

3.1.6　任务实施

3.1.6.1　安装调试继电器控制一个液压缸工作回路

接到任务后，小组内先讨论实施方案，然后根据每一位成员的能力进行分工，在整个过程中，小组内要有良好的讨论氛围，每位成员都有任务，具体的实施步骤如图 3-1-4 所示。

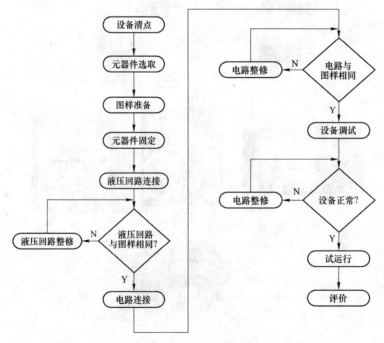

图 3-1-4　实施步骤

3.1.6.2 评价

表 3-1-3 为继电器控制一个液压缸工作回路过程评价表。

表 3-1-3 继电器控制一个液压缸工作回路过程评价表

验收项目	验收要求	配分标准	分值	扣分	得分
施工准备	1. 穿戴好劳保用品 2. 正确选取元器件 3. 正确领取工量具	1. 劳保用品穿戴不规范扣10分 2. 领取元器件错误，错一个扣1分，扣完为止	20		
液压回路搭建	1. 元器件安装可靠、正确 2. 油路连接正确，规范美观 3. 安装管路动作规范 4. 正确连接设计的液压回路，管路无错误	1. 管路脱落一次扣1分，扣完为止 2. 错装一次管路扣1分，管路出现大变形一条扣1分，扣完为止	25		
液压回路调试	1. 检查泵站、油液位、电机是否正常 2. 液压系统最大压力值调定 3. 轻载启动 4. 按要求使缸伸出、缩回	1. 不检查泵站扣1分 2. 带载荷启动电机扣2分 3. 未轻载气动扣1分 4. 未按要求使缸伸出、缩回扣2分	30		
安全生产	1. 自觉遵守安全文明生产规程 2. 保持现场干净整洁，工具摆放有序 3. 是否伤害到别人或者自己、物件是否掉地等不安全操作 4. 人离开工作台是否卸载	1. 工具、液压元器件、电线、油管掉地扣2分 2. 人离开工作台未卸载扣2分 3. 出现安全事故扣20分	25		
总　　分					
搭档：	任务耗时：				

3.1.7 知识链接

3.1.7.1 二位四通电磁换向阀

二位四通电磁换向阀电磁阀实物及图形符号如图 3-1-5 所示。

当换向阀处于常态位时，P、B 口相通，A、T 口相通；当电磁铁通电时，P、A 口相通，B、T 口相通。

3.1.7.2 按钮

按钮是一种最常用的主令电器，在控制电路中用于手动发出控制信号。图 3-1-6 所示是 LA 系列部分按钮的外形图。

如图 3-1-7 所示，按钮一般由按钮帽、复位弹簧、桥式动触头、静触头、支柱连杆及外壳等组成。当按钮被按下时，按钮的常开触头闭合、常闭触头断开；松开后，在弹簧力

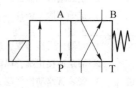

图 3-1-5　二位四通电磁换向阀

(a) 实物图；(b) 图形符号

图 3-1-6　LA 系列的部分按钮

的作用下其常开触头复位断开、常闭触头复位闭合。按钮的文字符号是 SB。

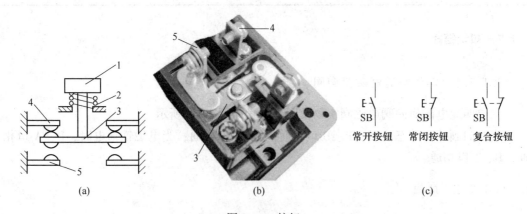

图 3-1-7　按钮

(a) 结构图；(b) 实物图；(c) 图形符号

1—按钮帽；2—复位弹簧；3—桥式动触头；4—常闭静触头；5—常开静触头

图 3-1-8 所示为按钮的型号含义。

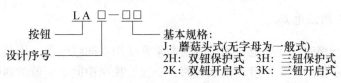

图 3-1-8　按钮的型号

3.1.7.3　电磁阀线圈

图 3-1-9 所示为 4V 系列气动电控换向阀的线圈，用于产生电磁力，推动阀芯进行换向。如图 3-1-10 所示，电控换向阀的线圈得电，在电磁力的作用下，克服弹簧力，动铁芯带动密封塞向上移动，左腔与右腔相通；当线圈失电，动铁芯及密封塞在弹簧力作用下复位。

图 3-1-9　部分 4V 系列电控换向阀线圈

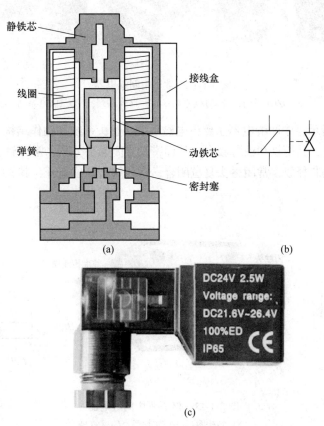

图 3-1-10　4V 系列电控换向阀线圈

（a）结构图；（b）图形符号；（c）实物图

3.1.7.4　中间继电器

在一些控制线路中，一些电器元件的通断常常使用中间继电器，用其接点的开闭来控制。如彩电或显示器中常见的自动消磁电路，三极管控制中间继电器的通断，从而达到控制消磁线圈通断的作用。

继电器是根据某一输入量控制电路的"接通"与"断开"的自动切换电器。在电路中，继电器主要用来反映各种控制信号，从而改变电路的工作状态，实现既定的控制程序，达到预定的控制目的，同时也提供一定的保护。目前，继电器被广泛用于各种控制领域。

继电器种类很多，一般按用途可分为控制用继电器和保护用继电器。按反应的信号不同，可分为电压继电器、电流继电器、时间继电器、热与温度继电器、速度继电器和压力继电器等。按工作原理可分为电磁式、感应式、电动式、电子式继电器和热继电器等。

图 3-1-11 所示为常用的中间继电器，主要用于控制电路中控制各种电压线圈，以使信号放大或将信号传递给有关控制元件。

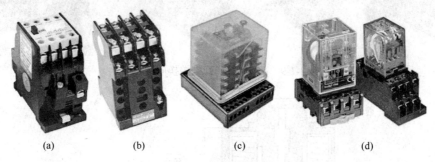

图 3-1-11　常用中间继电器

（a）JZC1 系列；（b）JZ7 系列；（c）JZ14 系列；（d）DZ50 系列

如图 3-1-12 所示，中间继电器主要由电磁系统、触头系统和动作结构等组成。当中间继电器的线圈得电时，其衔铁和铁芯吸合，从而带动常闭触头分断、常开触头闭合；一旦线圈失电，其衔铁和铁芯释放，常闭触头复位闭合、常开触头复位断开，其文字符号是 KZ。

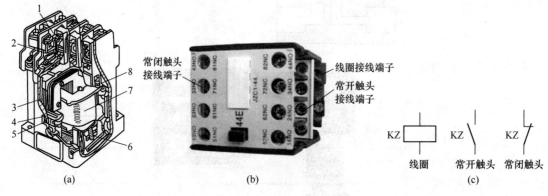

图 3-1-12　JZ 系列中间继电器

（a）结构图；（b）实物图；（c）符号

1—常闭触头；2—常开触头；3—动铁芯；4—短路环；5—静铁芯；

6—反作用弹簧；7—线圈；8—复位弹簧

3.1.8 知识检测

3.1.8.1 填空题

（1）按钮是一种最常用的主令电器，在控制电路中用于手动发出控制信号。当按钮被按下时，按钮的（　　　　）闭合、（　　　　）断开；松开后，在弹簧力的作用下其（　　　　）复位断开、（　　　　）复位闭合。

（2）当中间继电器的线圈得电时，其衔铁和铁芯吸合，从而带动（　　　　）断开、（　　　　）闭合；一旦线圈失电，其衔铁和铁芯释放（　　　　）复位闭合、（　　　　）复位断开。

3.1.8.2 简述题

（1）简述控制按钮的结构，它在电路中起什么作用？
（2）试分析电气回路图 3-1-13。

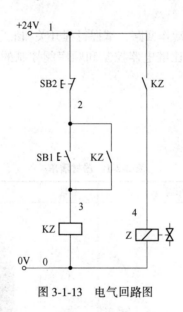

图 3-1-13 电气回路图

任务 3.2 继电器控制两个液压缸顺序工作

项目教学目标

知识目标：
（1）掌握行程开关在液压回路中的应用；
（2）掌握继电器控制双缸顺序动作回路的特点和应用。
技能目标：
（1）能根据任务要求，安装、调试继电器控制双缸顺序动作的回路和电气回路；
（2）能运用继电器来控制双缸顺序工作。

素质目标:

(1) 遵守现场操作的职业规范, 具备安全、整洁、规范实施工作任务的能力;

(2) 具有良好的职业道德和职业责任感;

(3) 具有资料检索能力、学习能力、表达能力、团队交流协作能力;

(4) 具有不断开拓创新的意识。

知识目标

3.2.1　任务描述

在机械液压传动中, 有些执行元件的运动需要按严格的顺序依次动作。例如液压传动中机床常要求先夹紧工件, 然后使工作台移动以进行切削加工。

在模块 2 任务 2.4 双缸顺序动作回路中, 利用了顺序阀控制两个液压缸伸出、缩回的动作顺序。利用继电器来进行控制双缸活塞杆的伸出、缩回动作的先后顺序。

3.2.2　任务分析

通过安装、调试双缸顺序动作回路, 掌握行程开关和继电器控制双缸顺序动作回路的特点和应用; 通过本任务, 对比继电器控制和顺序阀控制的双缸顺序动作回路的各自优缺点。

3.2.3　任务材料清单

任务材料清单见表 3-2-1。

表 3-2-1　器材清单

名　称	图形符号	数量	备　　注
液压实训台		1	
中间继电器模块		1	

名称	图形符号	数量	备　　注
按钮模块		1	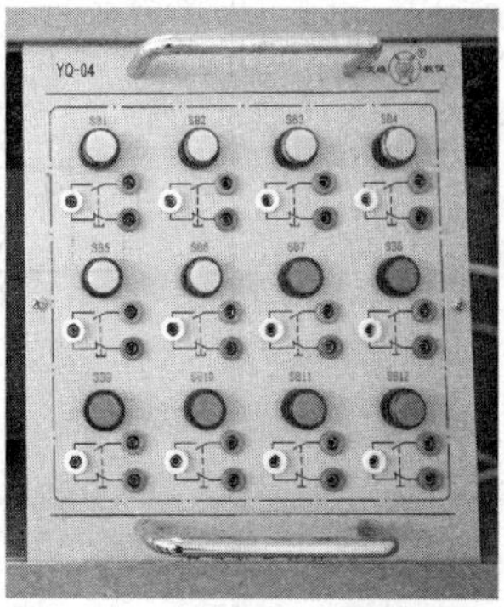
直动式溢流阀	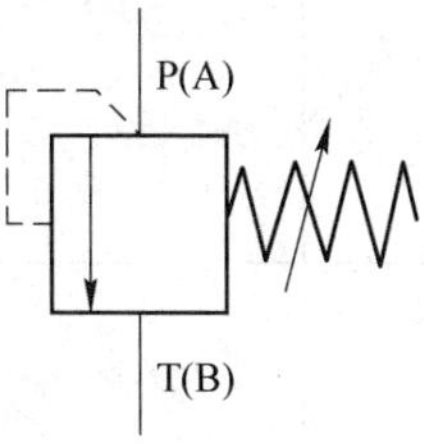	1	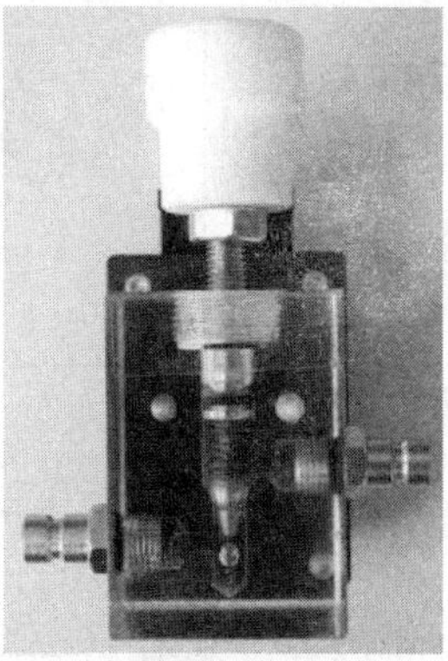
压力表	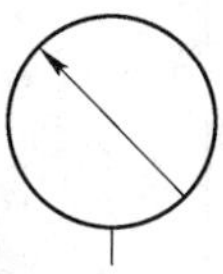	1	
双作用液压缸	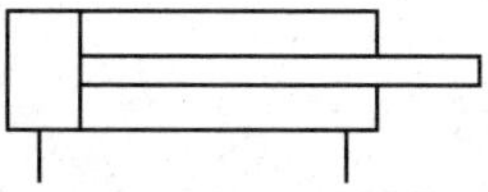	2	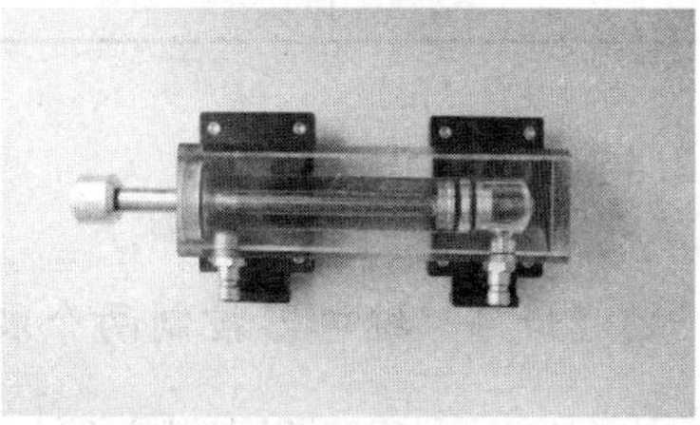

名　称	图形符号	数量	备　注
二位四通电磁换向阀		2	
行程开关		1	
液压油管	——————	若干	
电线	——————	若干	

3.2.4　相关知识

3.2.4.1　继电器控制两个液压缸顺序动作回路

图 3-2-1 所示为利用继电器控制两个液压缸顺序动作回路图。

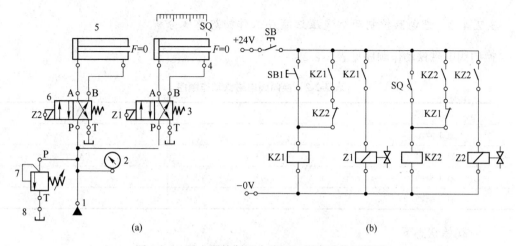

图 3-2-1　继电器控制两个液压缸顺序动作回路图

（a）液压回路；（b）电气回路图

1—液压站；2—压力表；3，6—二位四通电磁换向阀；4，5—液压缸；7—直动式溢流阀；8—油箱

本任务是看懂回路图并且在实验台上进行安装调试，观察继电器如何控制执行元件的顺序动作。

首先按液压回路图，接好实际油路，接线步骤如下：

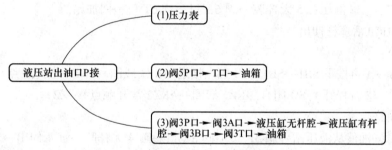

然后根据电气接线图接好电气控制回路，接线步骤如下：

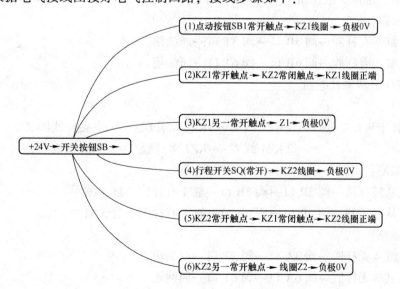

3.2.4.2 继电器控制两个液压缸顺序工作回路整体分析

换向阀电磁铁动作顺序见表 3-2-2。

表 3-2-2 换向阀电磁铁动作顺序

名　　称	Z1	Z2
缸 1 伸出	+	−
缸 2 伸出	+	+
缸 1 缩回	−	−
缸 2 缩回	−	−

（1）初始状态下。

1）电路：无动作。

2）进油路：①油液从液压站→阀 3P 口→阀 3B 口→液压缸 4 有杆腔→活塞杆没有
动作。

②油液从液压站→阀 6P 口→阀 6B 口→液压缸 5 有杆腔→活塞杆没有
动作。

3）回油路：①液压缸 4 无杆腔→阀 3A 口→阀 3T 口→回油箱。

②液压缸 5 无杆腔→阀 6A 口→阀 6T 口→回油箱。

（2）液压缸活塞杆伸出。

1）电路：

按下 SB→①再按下 SB1→SB1 常开触点接通→KZ1 线圈+→KZ1 常开触点+→Z1+。

②行程开关 SQ 闭合→KZ2 线圈+→KZ2 常开触点+→Z2+。

2）进油路：

①Z1+时，油液从液压站→阀 3P 口→阀 3A 口→缸 4 无杆腔→缸 4 伸出→SQ 闭合。

②Z2+时，油液从液压站→阀 6P 口→阀 6A 口→缸 5 无杆腔→缸 5 伸出。

3）回油路：

①液压缸 4 有杆腔→阀 3B 口→阀 3T 口→回油箱。

②液压缸 5 有杆腔→阀 6B 口→阀 6T 口→回油箱。

（3）液压缸活塞杆缩回。

1）电路：

按下 SB（开关复位）→①KZ1 线圈-→KZ1 常开触点-→电磁铁线圈 Z-。

②KZ1 线圈-→KZ1 常开触点-→电磁铁线圈 Z-。

2）进油路：

①油液从液压站→阀 3P 口→阀 3B 口→缸 4 有杆腔→缸 4 缩回。

②油液从液压站→阀 6P 口→阀 6B 口→缸 5 有杆腔→缸 5 缩回。

3）回油路：

①液压缸 4 无杆腔→阀 3A 口→阀 3T 口→回油箱。

②液压缸 5 无杆腔→阀 6A 口→阀 6T 口→回油箱。

技能目标

3.2.5 工艺要求

手动换向阀控制回路安装与调试步骤如下。

3.2.5.1 准备工作

（1）设备清点。按表 3-2-1 清点设备型号规格及数量，并领取液压元件及相关工具。

（2）图样准备。施工前准备好设备控制回路图、设备布局图，供作业时查阅。继电器控制两个液压缸顺序工作回路的元件安装位置，如图 3-2-2 所示。

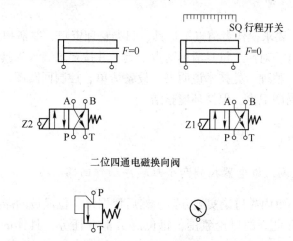

图 3-2-2 继电器控制两个液压缸顺序工作回路布局图

3.2.5.2 回路安装

（1）根据继电器控制两个液压缸顺序工作回路布局图进行安装，如图 3-2-3 所示。

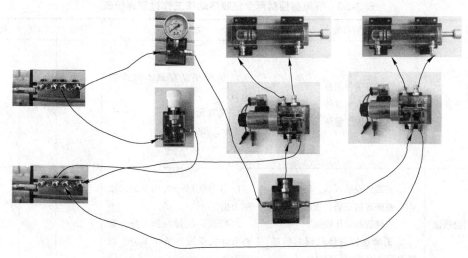

图 3-2-3 继电器控制两个液压缸顺序工作安装示意图

（2）液压回路检查。对照继电器控制两个液压缸顺序工作回路布局图中的液压回路检查液压回路的正确性、可靠性，严禁调试过程中出现油管脱落现象，确保安全。

（3）电气回路检查。对照继电器控制两个液压缸顺序工作回路布局图中的电气回路检查电气回路的安全性、正确性，严禁调试过程中出现电线脱落现象，确保安全。

3.2.5.3 设备调试

清扫设备后，在确认人身和设备安全的前提下进行调试。调试时要认真观察设备的动作情况，若出现问题，应立即切断电源，避免扩大故障范围，待调整、检修或解决后重新调试，直至设备完全实现功能。

3.2.5.4 现场清理

设备调试完毕，要求操作者清点工量具、归类整理资料，并清扫现场卫生。

（1）清点工量具。对照工量具清单清点工具，并按要求装入工具箱。

（2）资料整理。整理归类技术说明书、设备清单、控制回路图、设备布局图等资料。

（3）清扫设备周围卫生，保持环境整洁。

3.2.6 任务实施

3.2.6.1 安装调试继电器控制两个缸顺序动作回路

接到任务后，小组内先讨论实施方案，然后根据每一位成员的能力进行分工，在整个过程中，小组内要有良好的讨论氛围，每位成员都有任务，具体的实施步骤如图 3-1-4 所示。

3.2.6.2 评价

表 3-2-3 为继电器控制两个缸顺序动作工作过程评价表。

表 3-2-3 继电器控制两个缸顺序动作工作过程评价表

验收项目	验收要求	配分标准	分值	扣分	得分
施工准备	1. 穿戴好劳保用品 2. 正确选取元器件 3. 正确领取工量具	1. 劳保用品穿戴不规范扣10分 2. 领取元器件错误，错一个扣1分，扣完为止	20		
液压回路搭建	1. 元器件安装可靠、正确 2. 油路连接正确，规范美观 3. 安装管路动作规范 4. 正确连接设计的液压回路，管路无错误	1. 管路脱落一次扣1分，扣完为止 2. 错装一次管路扣1分，管路出现大变形一条扣1分，扣完为止	25		

验收项目	验收要求	配分标准	分值	扣分	得分
液压回路调试	1. 检查泵站、油液位、电机是否正常 2. 液压系统最大压力值调定 3. 轻载启动 4. 按要求用继电器控制两个缸顺序工作	1. 不检查泵站扣 1 分 2. 带载荷启动电机扣 2 分 3. 未轻载气动扣 1 分 4. 未按要求用继电器控制两个缸顺序工作的扣 2 分	30		
安全生产	1. 自觉遵守安全文明生产规程 2. 保持现场干净整洁,工具摆放有序 3. 是否伤害到别人或者自己、物件是否掉地等不安全操作 4. 人离开工作台是否卸载	1. 工具、液压元器件、油管掉地扣 2 分 2. 人离开工作台未卸载扣 2 分 3. 出现安全事故扣 20 分	25		
总　　分					

搭档:　　　　　　　　　　　　任务耗时:

3.2.7　知识链接

行程开关也称位置开关,是一种根据运动部件的位置自动接通或断开控制电路的开关电器,主要用于检测工作机械的位置,发出命令以控制其运动方向或行程长短。图 3-2-4 所示为行程开关的实物图及图形符号。

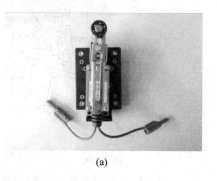
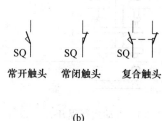

(a)　　　　　　　　　　　　　　　　　(b)

图 3-2-4　行程开关

(a) 实物图;(b) 图形符号

在实际生产中,将行程开关安装在预先安排的位置,当装于生产机械运动部件上的模块撞击行程开关时,行程开关的触点动作,实现电路的切换。因此,行程开关是一种根据运动部件的行程位置切换电路的电器,它的作用原理与按钮类似。

行程开关广泛用于各类机床和起重机械,用以控制其行程、进行终端限位保护。在电梯的控制电路中,还利用行程开关控制开关轿门的速度、自动开关门的限位、轿厢的上下限位保护。可以安装在相对静止的物体(如固定架、门框等,简称静物)上或者运动的物体(如行车、门等,简称动物)上。当动物接近静物时,开关的连杆驱动开关的接点引起闭合的接点分断或者断开的接点闭合。由开关接点开合状态的改变控制电路和机构的动作。行程开关按其结构可分为直动式、滚轮式、微动式和组合式。

3.2.7.1　直动式行程开关

动作原理同按钮类似，所不同的是一个是手动，另一个则由运动部件的撞块碰撞。当外界运动部件上的撞块碰压按钮使其触头动作，当运动部件离开后，在弹簧作用下，其触头自动复位。

直动式行程开关结构原理如图 3-2-5 所示，其动作原理与按钮开关相同，但其触点的分合速度取决于生产机械的运行速度，不宜用于速度低于 0.4m/min 的场所。当运行速度低于 0.4m/min 时，触点分断的速度将很慢，触点易受电弧烧灼。

3.2.7.2　滚轮式行程开关

能瞬时动作的滚轮旋转式行程开关结构，如图 3-2-6 所示。当滚轮受到向左的外力作用时，上转臂向左下方转动，推杆向右转动，并压缩右边弹簧，同时下面的小滚轮也很快沿着擒纵件向右转动，小滚轮滚动又压缩小滚轮支撑弹簧，当小滚轮走过擒纵件的中点时，盘形弹簧和小滚轮支撑弹簧都使擒纵件迅速转动，因而使动触头迅速地与右边的静触头分开，并与左边的静触头闭合。这样就减少了电弧对触头的烧蚀，并保证了动作的可靠性。这类行程开关适用于低速运动的机械。

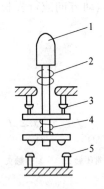

图 3-2-5　直动式行程开关
1—推杆；2, 4—弹簧；
3—动断触点；5—动合触点

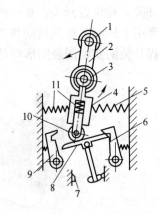

图 3-2-6　滚轮式行程开关
1—滚轮；2—上转臂；3—盘形弹簧；4—推杆；
5, 11—推杆弹簧；6, 9—擒纵件固定支架；
7—触头；8—擒纵件；10—滚轮

滚轮式行程开关又分为单滚轮自动复位和双滚轮（羊角式）非自动复位式，双滚轮行移开关具有两个稳态位置，有"记忆"作用，在某些情况下可以简化线路。

3.2.7.3　微动开关式行程开关

为克服直动式结构的缺点，微动开关采用具有弯片状弹簧的瞬动机构，如图 3-2-7 所示。当推杆被压下时，弹簧片发生变形，储存能量并产生位移。当达到预定的临界点时，弹簧片连同动触头产生瞬时跳跃，从而导致电路的接通、分断或转换。同样，减小操作力时，弹簧片将释放能量并产生反向位移，当通过另一临界点时，弹簧片向相反方向跳跃。采用瞬动机构可以使开关触头的转换速度不受推杆压下速度的影响，这样不仅可以减轻电弧对触头的烧蚀，而且也能提高触头动作的准确性。

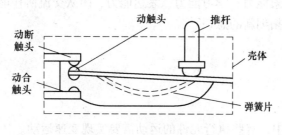

图 3-2-7　微动开关

微动开关的体积比较小，动作很灵敏，适合在小型机构中使用。但由于推杆允许的极限行程很小，开关的结构强度不高，因此，在使用时必须对推杆的最大行程在机构上加以限制，以免压坏开关。

3.2.8　知识检测

3.2.8.1　选择题

（1）行程开关是一种将（　　）转换为电信号的自动控制电器。

A. 机械信号　　　　　B. 弱电信号　　　　　C. 光信号　　　　　D. 热能信号

（2）完成工作台自动往返行程控制要求的主要电器元件是（　　）。

A. 行程开关　　　　　B. 接触器　　　　　C. 按钮　　　　　D. 组合开关

（3）（　　）具有"记忆"作用，在某些情况下可以简化线路。

A. 直动式行程开关　　　B. 滚轮式行程开关　　　C. 微动开关

3.2.8.2　判断题（正确的打"√"，错误的打"×"）

（1）行程开关是一种将机械能信号转换为电信号以控制运动部件的位置和行程的低压电器。（　　）

（2）微动开关的体积比较小，动作很灵敏，适合在大型机构中使用。（　　）

任务 3.3　继电器控制多段调速回路

项目教学目标

知识目标：

（1）掌握继电器控制多段调速回路的特点和应用；

（2）掌握快速运动回路和速度换接回路的应用特点。

技能目标：

（1）能根据任务要求，安装、调试继电器控制多段调速回路和电气回路；

（2）能运用继电器控制多段调速。

素质目标:

(1) 遵守现场操作的职业规范,具备安全、整洁、规范实施工作任务的能力;

(2) 具有良好的职业道德和职业责任感;

(3) 具有资料检索能力、学习能力、表达能力、团队交流协作能力;

(4) 具有不断开拓创新的意识。

知识目标

3.3.1 任务描述

在机械液压传动中,有些执行元件的运动需要实现变速运动。

如按下 SB2,液压缸 3 前进,此时可以调两只单向节流阀进行调速,当按下 SB7 后,单向节流阀 4 被短接,速度变换一次;当又按下 SB8,另一只单向节流阀也被短接,此时速度最快。因为电磁阀的两个电磁铁不可同时得电,因此只有按下 SB1 后,再按下 SB3,电磁阀才会换向,否则电磁阀是不会换向的。按下 SB7 回路断开。

3.3.2 任务分析

通过安装、调试继电器控制多段调速回路,掌握继电器控制多段调速回路的特点和应用。

3.3.3 任务材料清单

任务材料清单见表 3-3-1。

表 3-3-1 器材清单

名称	图形符号	数量	备 注
液压实训台		1	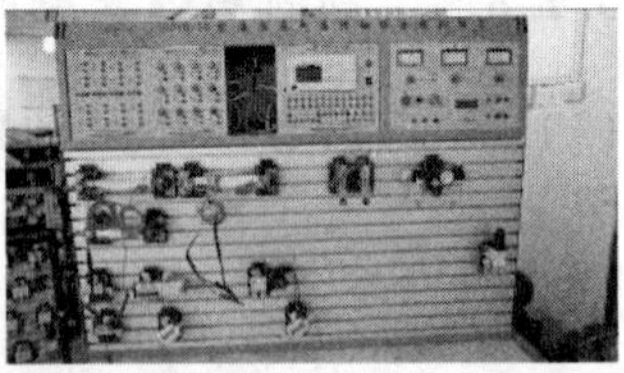
中间继电器模块		1	

名　称	图形符号	数量	备　注
按钮模块		1	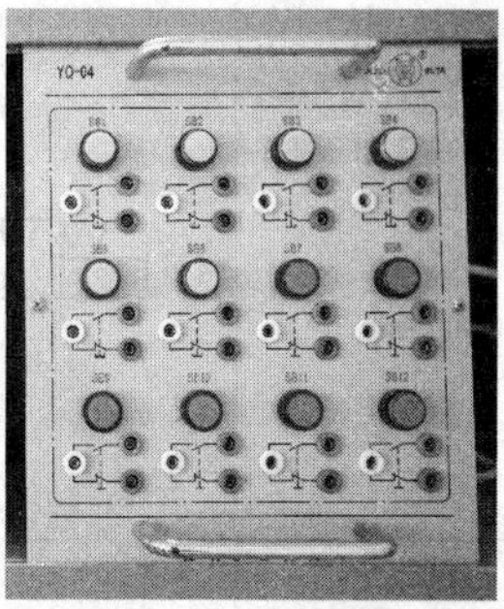
直动式溢流阀	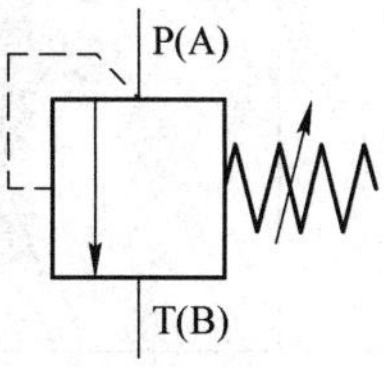 P(A)／T(B)	1	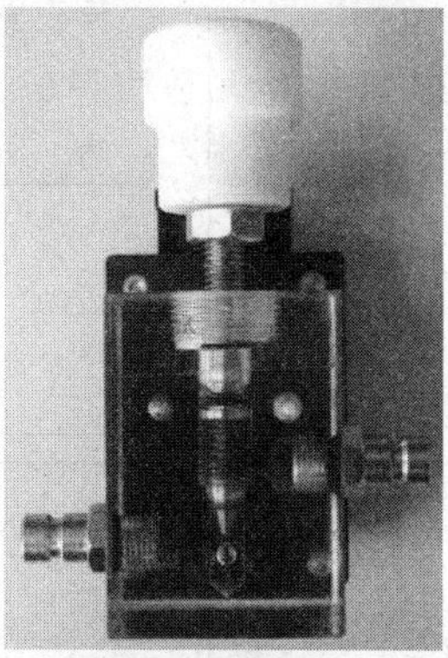
压力表	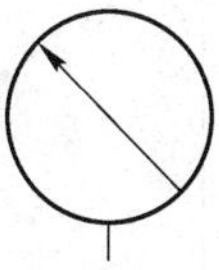	1	
双作用液压缸	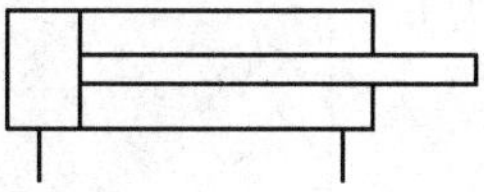	2	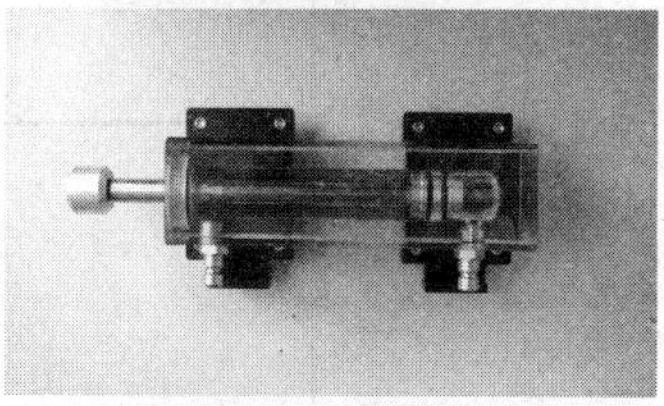
二位四通电磁换向阀	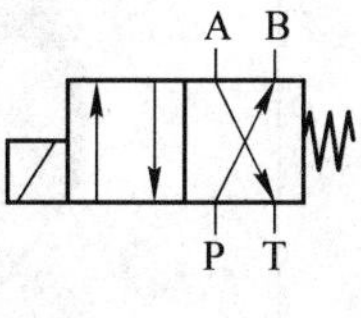 A　B／P　T	2	

名称	图形符号	数量	备　注
三位四通电磁换向阀	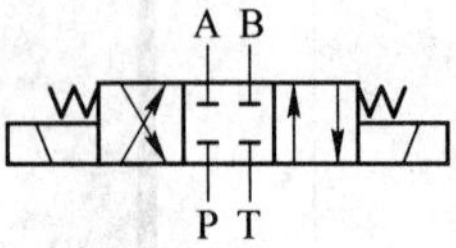	1	
单向阀	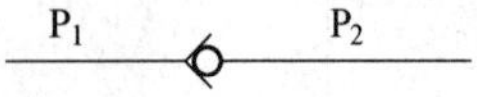 P_1 ——◇—— P_2	2	
节流阀	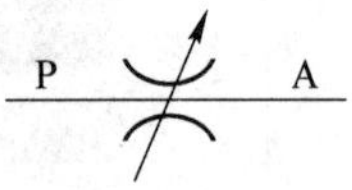 P ——⤢—— A	2	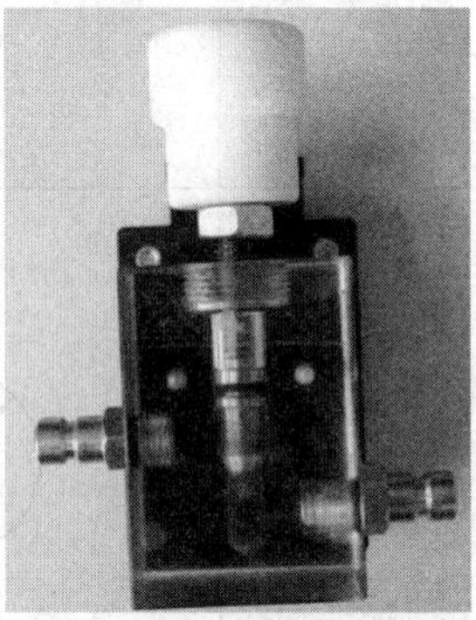
液压油管	——————	若干	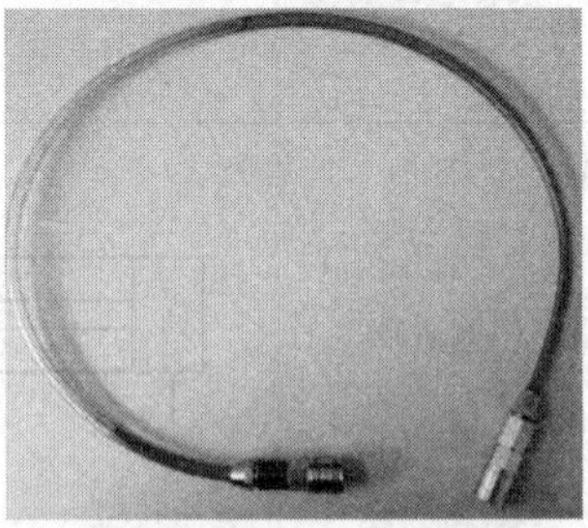
电线	——————	若干	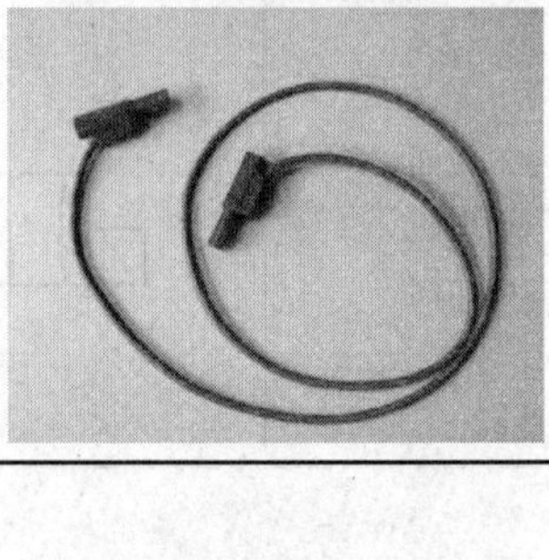

3.3.4　相关知识

3.3.4.1　继电器控制多段调速回路

图 3-3-1 所示为利用继电器控制液压缸运动实现多段调速的回路。

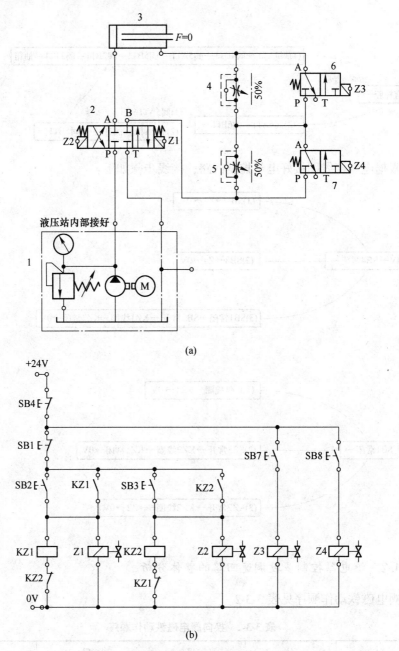

(a)

(b)

图 3-3-1　继电器控制多段调速回路图

(a) 液压回路；(b) 电气回路图

1—液压站；2—三位四通电磁换向阀；3—液压缸；4，5—单向节流阀；6，7—二位三通电磁换向阀

本任务是看懂回路图并且在实验台上进行安装调试，观察继电器如何控制执行元件的多段调速。

首先按液压回路图接好实际油路，接线步骤如下：

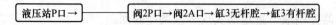

液压站P口→ → 阀2P口→阀2A口→缸3无杆腔→缸3有杆腔

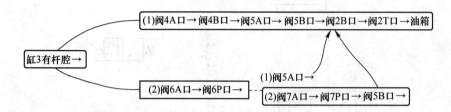

缸3有杆腔→

(1)阀4A口→阀4B口→阀5A口→ 阀5B口→阀2B口→阀2T口→油箱

(2)阀6A口→阀6P口→

(1)阀5A口→

(2)阀7A口→阀7P口→阀5B口→

然后根据电气接线图接好电气控制回路，接线步骤如下：

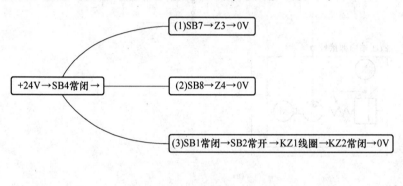

+24V→SB4常闭→

(1)SB7→Z3→0V

(2)SB8→Z4→0V

(3)SB1常闭→SB2常开 →KZ1线圈→KZ2常闭→0V

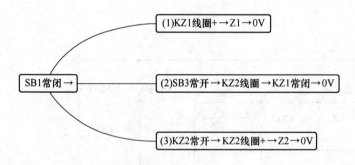

SB1常闭→

(1)KZ1线圈+→Z1→0V

(2)SB3常开→KZ2线圈→KZ1常闭→0V

(3)KZ2常开→KZ2线圈+→Z2→0V

3.3.4.2 继电器控制多段调速回路的整体分析

换向阀电磁铁动作顺序见表 3-3-2。

表 3-3-2 换向阀电磁铁动作顺序

类　　别	Z1	Z2	Z3	Z4
伸出速度 1（最慢）	+	−	−	−
伸出速度 2（慢）	+	−	+	−

类　　别	Z1	Z2	Z3	Z4
伸出速度3（最快）	+	-	+	+
缩回	-	+	-	-

（1）初始状态下：

1）电路：无动作。

2）进油路：

油液从液压站→阀2P口（中位）→阀2A口→液压缸无杆腔→活塞杆没有动作。

3）回油路：

①液压缸有杆腔→阀4A口→阀4B口→阀5A口→阀5B口→阀2B口→阀2T口→回油箱。

②液压缸有杆腔→阀4A口→阀4B口→阀7A口→阀7P口→阀2B口→阀2T口→回油箱。

③液压缸有杆腔→阀6A口→阀6P口→阀5A口→阀5B口→阀2B口→阀2T口→回油箱。

④液压缸有杆腔→阀6A口→阀6P口→阀7A口→阀5B口→阀2B口→阀2T口→回油箱。

（2）液压缸活塞杆伸出速度1（最慢）：

1）电路：

按下SB2→SB2常开触点接通→KZ1线圈+→KZ1常开触点+→Z1+。

2）进油路：

油液从液压站→阀2P口（右位）→阀2A口→液压缸无杆腔→活塞杆伸出速度1（最慢）。

3）回油路：

液压缸有杆腔→阀4A口→阀4B口→阀5A口→阀5B口→阀2B口→阀2T口→回油箱。

（3）液压缸活塞杆伸出速度2（慢）：

1）电路：

按下SB7→SB7常开触点接通→Z3+。

2）进油路：

油液从液压站→阀2P口（右位）→阀2A口→液压缸无杆腔→活塞杆伸出速度2（慢）。

3）回油路：

液压缸有杆腔→阀6A口→阀6P口→阀5A口→阀5B口→阀2B口→阀2T口→回油箱。

（4）液压缸活塞杆伸出速度3（最快）：

1）电路：

按下SB8→SB8常开触点接通→Z4+。

2）进油路：

油液从液压站→阀2P口（右位）→阀2A口→液压缸无杆腔→活塞杆伸出速度3（最快）。

3）回油路：

液压缸有杆腔→阀6A口→阀6P口→阀7A口→阀7P口→阀2B口→阀2T口→回油箱。

（5）液压缸活塞杆缩回：

1）电路：

按下SB1→SB1常开触点接通后自动复位（闭合）→再按下SB3→SB3常开触点接通→KZ2线圈+→KZ2常开触点+→KZ2常闭触点-→Z1-→Z2+。

2）进油路：

油液从液压站→阀2P口（左位）→阀2B口→阀5B口（单向阀）→阀5A口→阀4B口（单向阀）→阀4A口→液压缸有杆腔→活塞杆缩回。

3）回油路：

液压缸无杆腔→阀2A口→阀2T口→油箱。

技能目标

3.3.5　工艺要求

继电器控制多段调速回路安装与调试步骤如下。

3.3.5.1　准备工作

（1）设备清点。按表3-3-1清点设备型号规格及数量，并领取液压元件及相关工具。

（2）图样准备。施工前准备好设备控制回路图、设备布局图，供作业时查阅。继电器控制多段调速回路的元件安装位置如图3-3-2所示。

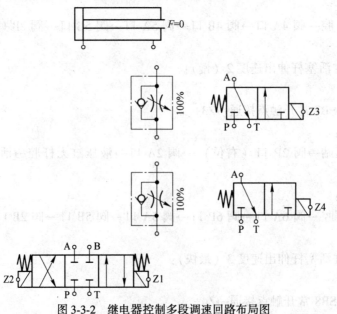

图3-3-2　继电器控制多段调速回路布局图

3.3.5.2　回路安装

（1）根据继电器控制多段调速回路布局图进行安装。如图 3-3-3 所示。

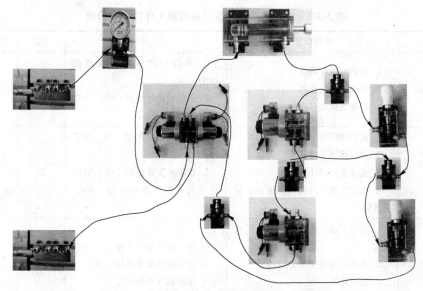

图 3-3-3　继电器控制多段调速回路安装示意图

（2）液压回路检查。对照继电器控制多段调速回路布局图中的液压回路检查液压回路的正确性、可靠性，严禁调试过程中出现油管脱落现象，确保安全。

（3）电气回路检查。对照继电器控制多段调速回路图中的电气回路，检查电气回路的安全性、正确性，严禁调试过程中出现电线脱落现象，确保安全。

3.3.5.3　设备调试

清扫设备后，在确认人身和设备安全的前提下进行调试。调试时要认真观察设备的动作情况，若出现问题，应立即切断电源，避免扩大故障范围，待调整、检修或解决后重新调试，直至设备完全实现功能。

3.3.5.4　现场清理

设备调试完毕，要求操作者清点工量具、归类整理资料，并清扫现场卫生。

（1）清点工量具。对照工量具清单清点工具，并按要求装入工具箱。

（2）资料整理。整理归类技术说明书、设备清单、控制回路图、设备布局图等资料。

（3）清扫设备周围卫生，保持环境整洁。

3.3.6　任务实施

3.3.6.1　安装调试继电器控制多段调速回路

接到任务后，小组内先讨论实施方案，然后根据每一位成员的能力进行分工，在整个过程中，小组内要有良好的讨论氛围，每位成员都有任务，具体的实施步骤如图 3-1-4 所示。

3.3.6.2　评价

表 3-3-3 为继电器控制多段调速回路工作过程评价表。

表 3-3-3　继电器控制多段调速回路工作过程评价表

验收项目	验收要求	配分标准	分值	扣分	得分
施工准备	1. 穿戴好劳保用品 2. 正确选取元器件 3. 正确领取工量具	1. 劳保用品穿戴不规范扣 10 分 2. 领取元器件错误，错一个扣 1 分，扣完为止	20		
液压回路搭建	1. 元器件安装可靠、正确 2. 油路连接正确，规范美观 3. 安装管路动作规范 4. 正确连接设计的液压回路，管路无错误	1. 管路脱落一次扣 1 分，扣完为止 2. 错装一次管路扣 1 分，管路出现大变形一条扣 1 分，扣完为止	25		
液压回路调试	1. 检查泵站、油液位、电机是否正常 2. 液压系统最大压力值调定 3. 轻载启动 4. 按要求用继电器控制液压缸的 3 段调速	1. 不检查泵站扣 1 分 2. 带载荷启动电机扣 2 分 3. 未轻载气动扣 1 分 4. 未按要求实现调速的扣 2 分	30		
安全生产	1. 自觉遵守安全文明生产规程 2. 保持现场干净整洁，工具摆放有序 3. 是否伤害到别人或者自己、物件是否掉地等不安全操作 4. 人离开工作台是否卸载	1. 工具、液压元器件、油管掉地扣 2 分 2. 人离开工作台未卸载扣 2 分 3. 出现安全事故扣 20 分	25		
总　　分					

搭档：　　　　　　　　　　　任务耗时：

3.3.7　知识链接

机械设备中许多液压传动部分要求能实现多级调速功能，即实现执行元件的快进、一工进、二工进、三工进……快退等，下面介绍几种典型的速度回路。

3.3.7.1　快速运动回路

快速运动回路的功用在于使执行元件获得需要的高速度，以提高系统的工作效率。

A　差动连接快速运动回路

图 3-3-4 中，阀 3 和阀 4 在左位工作时，液压缸差动连接快速运动；当 3YA 通电时，差动连接即被切断，液压缸回油经调速阀，实现工进；阀 3 切换至右位后，液压缸有杆腔进油，即快退。这种快速运动回路可在不增加泵流量的情况下，提高执行元件的运动速度，结构简单、经济，但转换不够平稳。

B 双泵供油快速运动回路

图 3-3-5 中，2 为低压大流量泵，1 为高压小流量泵。在快速时，泵 1 和泵 2 同时向液压系统供油；工进时，系统压力升高，液控顺序阀 3 开启，使泵 2 卸荷，此时单向阀 4 关闭，由泵 1 单独向系统供油。这种快速回路功率利用合理、效率较高，但回路较复杂、成本较高。常用于执行元件快进和工进速度相差较大的机床进给系统。

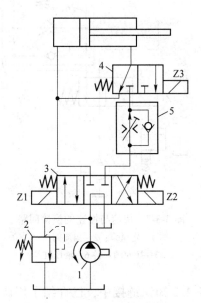

图 3-3-4 差动连接快速运动回路

1—定量泵；2—溢流阀；

3，4—电磁阀；5—单向调速阀

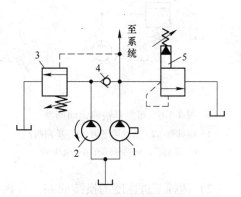

图 3-3-5 双泵供油快速运动回路

1—高压小流量泵；2—低压大流量泵；

3—液控顺序阀；4—单向阀；5—溢流阀

C 蓄能器快速运动回路

图 3-3-6 中，系统短期需要大流量时，换向阀 5 处于左位或右位，由泵 1 和蓄能器 4 共同时向液压缸 6 供油；当系统停止工作时，换向阀 5 处在中间位置，这时泵便经单向阀 3 向蓄能器充液，蓄能器压力升高后，达到液控顺序阀 2 调定压力后，阀口打开，使泵卸荷。这种快速回路可用小流量泵获得较高的运动速度，但蓄能器充液时液压缸必须停止工作，在时间上有些浪费。

3.3.7.2 速度换接回路

速度换接回路的功用是使液压执行元件在实现工作循环的过程中进行速度转换，且具有较高的速度换接平稳性。

（1）快速与慢速的换接回路。图 3-3-7 中用行程阀的快慢速转换回路。在图示状态下，液压缸快进；当运动部件上的挡块压下行程阀时，行程阀关闭，液压缸右腔的油液必须通过调速阀才能流回油箱，液压缸就由快进转换为慢速工进。这种快慢速转换比较平稳，换接点位置较准确，但行程阀必须安装在执行元件附近，且不能改变其位置，管道连接较为复杂。若将行程阀改换为电磁阀，则安装连接方便，但速度换接平稳性、可靠性及换接精度都较差。

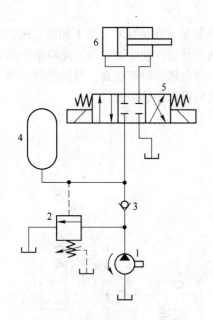

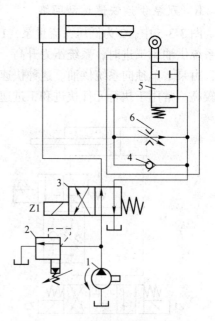

图 3-3-6 蓄能器快速运动回路

1—定量泵；2—液控顺序阀；3—单向阀；

4—蓄能器；5—换向阀；6—液压缸

图 3-3-7 快速与慢速的换接回路

1—定量泵；2—溢流阀；

3—换向阀；4~6—液压缸

（2）两种工进速度的换接回路。在模块 2 任务 2.2 知识链接中，已介绍了用调速阀来实现不同的工进速度换接。

3.3.8 知识检测

3.3.8.1 填空题

（1）在快慢速转换回路中，可用（　　　　）或（　　　　）实现执行元件快慢速的转换。

（2）双泵供油快速回路，快进时由（　　　　）供油，工进时（　　　　）供油。

（3）常用的快速运动回路有（　　　　）、（　　　　）和（　　　　）。

（4）快速运动回路的功用在于使（　　　　）获得所需的高速度，以提高系统的工作效率。

（5）快速与慢速的换接回路，常用（　　　　）、（　　　　）、（　　　　）等来实现。

3.3.8.2 判断题（正确的打"√"，错误的打"×"）

（1）采用双泵供油的液压系统，工作进给是由高压小流量泵供油、大流量泵卸荷。因此其效率比单系供油系统的效率低得多。　　　　　　　　　　　　（　　　）

（2）蓄能器快速运动回路的缺点是蓄能器充液时，液压缸必须停止工作，在时间上有些浪费。　　　　　　　　　　　　　　　　　　　　　　　　　　（　　　）

（3）差动连接快速运动回路，常用于执行元件快进和工进速度相差较大的机床进给系统。　　　　　　　　　　　　　　　　　　　　　　　　　　　　　　　　（　　）

（4）电磁阀实现的快速与慢速的换接回路，则安装连接方便，但速度换接平稳性、可靠性及换接精度都较差。　　　　　　　　　　　　　　　　　　　　　　　　　（　　）

3.3.8.3　简答题

典型的快速运动回路有哪些，各有什么特点？

任务 3.4　继电器控制出油节流双程同步回路

项目教学目标

知识目标：

（1）掌握继电器控制出油节流双程同步回路的特点和应用；

（2）掌握典型同步回路的应用特点。

技能目标：

（1）能根据任务要求，安装、调试继电器控制出油节流双程同步回路和电气回路；

（2）能运用继电器控制出油节流双程同步回路。

素质目标：

（1）遵守现场操作的职业规范，具备安全、整洁、规范实施工作任务的能力；

（2）具有良好的职业道德和职业责任感；

（3）具有资料检索能力、学习能力、表达能力、团队交流协作能力；

（4）具有不断开拓创新的意识。

知识目标

3.4.1　任务描述

在机械液压传动中，有些执行元件的运动需要实现双缸同步运动。如图 3-4-1 继电器控制出油节流双程同步回路图所示：当按下 SB2，电磁换向阀 3 和 4 的右位同时动作，缸 1、缸 2 同时前进，如果出现不同步现象时，可调节单向节流阀 5 或 6 来改变油缸动作的速度，只有当按下 SB1 后再按下 SB3，两个电磁阀才能换向，两只液压缸才能回来，如果不同步，可调节节流阀。

3.4.2　任务分析

通过安装、调试继电器控制出油节流双程同步回路，掌握继电器控制出油节流双程同步回路的特点和应用。

3.4.3　任务材料清单

任务材料清单见表 3-4-1。

表 3-4-1　器材清单

名称	图形符号	数量	备　注
液压实训台		1	
中间继电器模块		1	
按钮模块		1	
直动式溢流阀		1	

名称	图形符号	数量	备　注
压力表	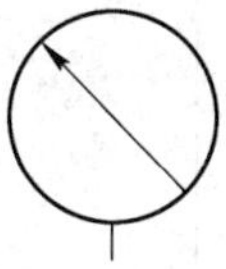	1	
双作用液压缸	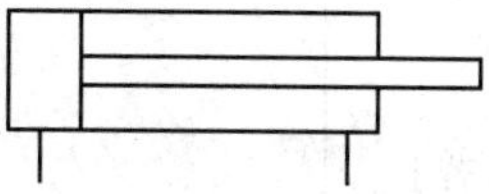	2	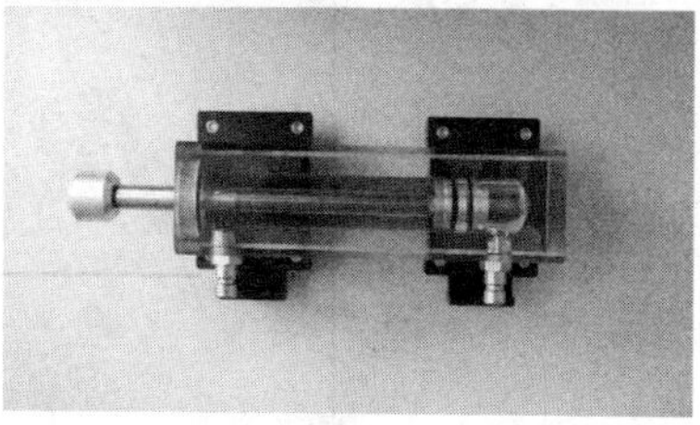
三位四通电磁换向阀	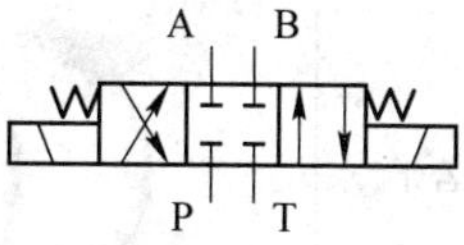	2	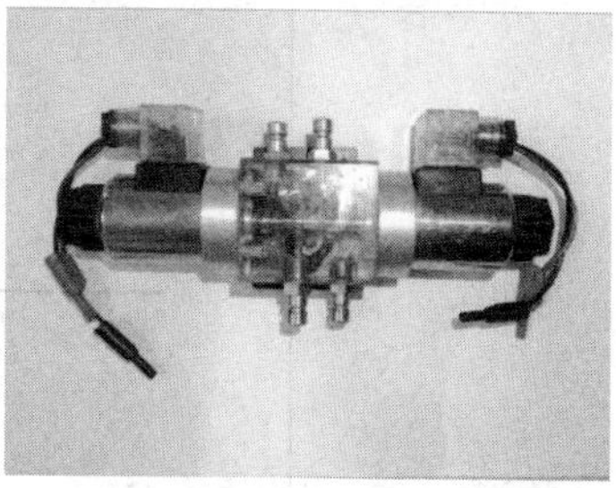
单向阀	P₁　　P₂	2	

名称	图形符号	数量	备　注
节流阀	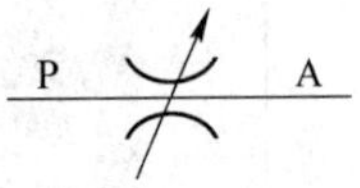 P ⟋ A	2	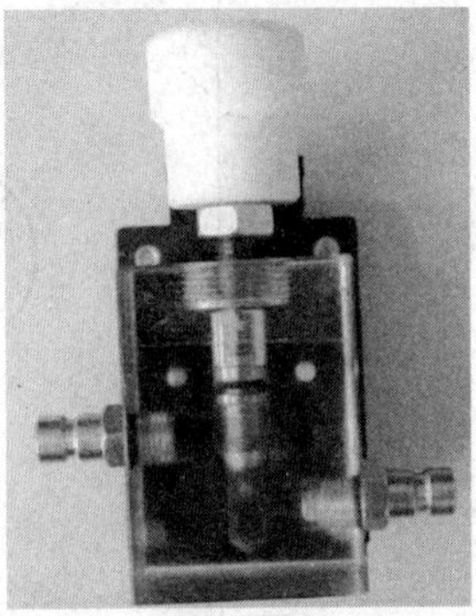
液压油管	——————	若干	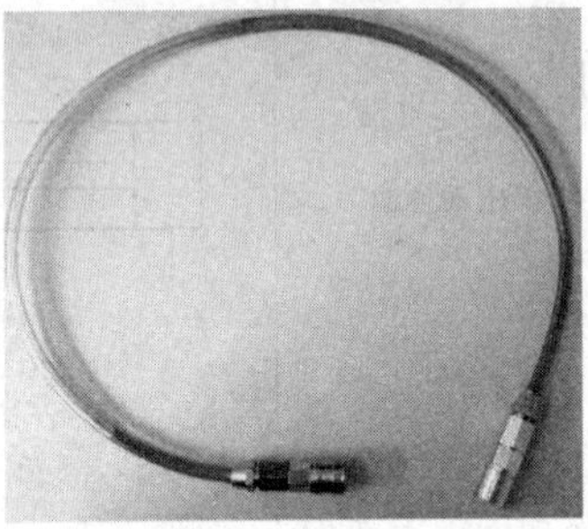
电线	——————	若干	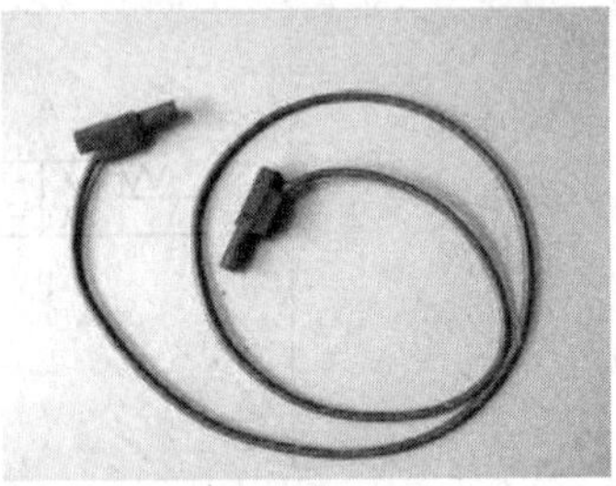

3. 4. 4　相关知识

3. 4. 4. 1　继电器控制出油节流双程同步回路

如图 3-4-1 所示，利用继电器来控制出油节流双程同步回路。

本任务是看懂回路图并且在实验台上进行安装调试，观察继电器如何控制执行元件的出油节流双程同步。

首先按液压回路图接好实际油路，然后根据电气接线图接好电气控制回路。

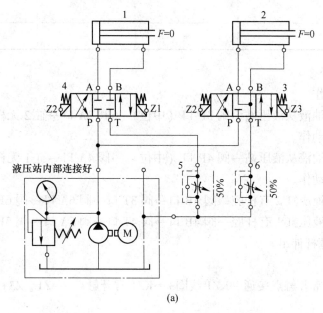

(a)

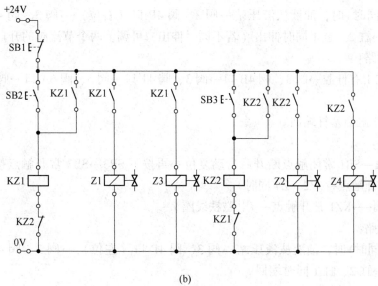

(b)

图 3-4-1　继电器控制出油节流双程同步回路图

（a）液压回路；（b）电气回路

1，2—液压缸；3，4—三位四通电磁换向阀；5，6—单向节流阀

3.4.4.2　继电器控制出油节流双程同步回路的整体分析

换向阀电磁铁动作顺序见表 3-4-2。

表 3-4-2　换向阀电磁铁动作顺序

	Z1	Z2	Z3	Z4
缸 1、缸 2 伸出	+	−	+	−
缸 1、缸 2 缩回	−	+	−	+

（1）初始状态下。

1）电路：无动作。

2）进油路：①油液从液压站→阀 3P 口（中位）→阀 3A 口→缸 2 无杆腔→活塞杆没有动作。

②油液从液压站→阀 4P 口（中位）→阀 4A 口→缸 1 无杆腔→活塞杆没有动作。

3）回油路：①液压缸 2 有杆腔→阀 3B 口→阀 3T 口→阀 6A 口→阀 6B 口→回油箱。

②液压缸 1 有杆腔→阀 4B 口→阀 4T 口→阀 5A 口→阀 5B 口→回油箱。

（2）液压缸活塞杆伸出。

1）电路：

按下 SB2→SB2 常开触点接通→KZ1 线圈+→KZ1 常开触点+→Z1、Z3+。

2）进油路：

Z1、Z3 同时+时，油液从液压站→阀 3、阀 4P 口（右位）→阀 3、阀 4A 口→缸 2、缸 1 无杆腔→缸 2、缸 1 同时伸出（若不同时伸出，可调节两个节流阀的开口大小）。

3）回油路：

缸 2、缸 1 有杆腔→阀 3、阀 4B 口→阀 3、阀 4T 口→阀 5、阀 6A 口→阀 5、阀 6B 口→回油箱。

（3）液压缸活塞杆缩回。

1）电路：

按下 SB1→SB1 常闭触点断开后自动复位→再按下 SB3→SB3 常开触点接通→KZ2 线圈+→KZ2 常开触点+→Z2、Z4 同时+。

KZ1 线圈−→KZ1 常开触点−→电磁铁线圈 Z−。

2）进油路：

Z2、Z4 同时+时，油液从液压站→阀 3、阀 4P 口（左位）→阀 3、阀 4B 口→缸 2、缸 1 有杆腔→缸 2、缸 1 同时缩回。

3）回油路：

缸 1、缸 2 无杆腔→阀 3、阀 4A 口→阀 3、阀 4T 口→阀 5、阀 6A 口→阀 5、阀 6B 口→回油箱。

技能目标

3.4.5　工艺要求

继电器控制出油节流双程同步回路安装与调试步骤如下。

3.4.5.1　准备工作

（1）设备清点。按表3-4-1清点设备型号规格及数量，并领取液压元件及相关工具。

（2）图样准备。施工前准备好设备控制回路图、设备布局图，供作业时查阅。继电器控制出油节流双程同步回路的元件安装位置如图3-4-2所示。

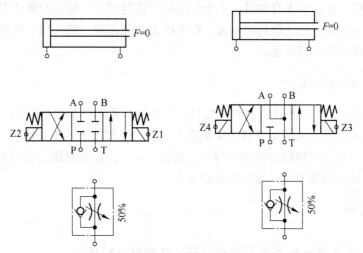

图3-4-2　继电器控制出油节流双程同步回路布局图

3.4.5.2　回路安装

（1）根据继电器控制出油节流双程同步回路布局图进行安装，如图3-4-3所示。

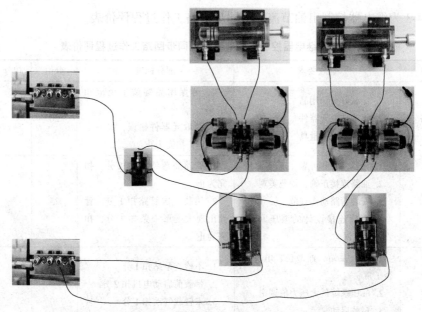

图3-4-3　继电器控制出油节流双程同步回路安装示意图

（2）液压回路检查。对照继电器控制出油节流双程同步回路布局图中的液压回路检查液压回路的正确性、可靠性，严禁调试过程中出现油管脱落现象，确保安全。

（3）电气回路检查。对照继电器控制出油节流双程同步回路图中的电气回路，检查电气回路的安全性、正确性，严禁调试过程中出现电线脱落现象，确保安全。

3.4.5.3　设备调试

清扫设备后，在确认人身和设备安全的前提下进行调试。调试时要认真观察设备的动作情况，若出现问题，应立即切断电源，避免扩大故障范围，待调整、检修或解决后重新调试，直至设备完全实现功能。

3.4.5.4　现场清理

设备调试完毕，要求操作者清点工量具、归类整理资料，并清扫现场卫生。

（1）清点工量具。对照工量具清单清点工具，并按要求装入工具箱。

（2）资料整理。整理归类技术说明书、设备清单、控制回路图、设备布局图等资料。

（3）清扫设备周围卫生，保持环境整洁。

3.4.6　任务实施

3.4.6.1　安装调试继电器控制出油节流双程同步回路

接到任务后，小组内先讨论实施方案，然后根据每一位成员的能力进行分工，在整个过程中，小组内要有良好的讨论氛围，每位成员都有任务，具体的实施步骤如图 3-1-4 所示。

3.4.6.2　评价

表 3-4-3 为继电器控制出油节流双程同步回路工作过程评价表。

表 3-4-3　继电器控制出油节流双程同步回路工作过程评价表

验收项目	验收要求	配分标准	分值	扣分	得分
施工准备	1. 穿戴好劳保用品 2. 正确选取元器件 3. 正确领取工量具	1. 劳保用品穿戴不规范扣 10 分 2. 领取元器件错误，错一个扣 1 分，扣完为止	20		
液压回路搭建	1. 元器件安装可靠、正确 2. 油路连接正确，规范美观 3. 安装管路动作规范 4. 正确连接设计的液压回路，管路无错误	1. 管路脱落一次扣 1 分，扣完为止 2. 错装一次管路扣 1 分，管路出现大变形一条扣 1 分，扣完为止	25		
液压回路调试	1. 检查泵站、油液位、电机是否正常 2. 液压系统最大压力值调定 3. 轻载启动 4. 按要求用继电器控制出油节流双程同步回路	1. 不检查泵站扣 1 分 2. 带载荷启动电机扣 2 分 3. 未轻载气动扣 1 分 4. 未按要求实现出油节流双程同步的扣 2 分	30		

验收项目	验收要求	配分标准	分值	扣分	得分
安全生产	1. 自觉遵守安全文明生产规程 2. 保持现场干净整洁，工具摆放有序 3. 是否伤害到别人或者自己、物件是否掉地等不安全操作 4. 人离开工作台是否卸载	1. 工具、液压元器件、油管掉地扣 2 分 2. 人离开工作台未卸载扣 2 分 3. 出现安全事故扣 20 分	25		
总　　　分					

搭档：　　　　　　　　　　　任务耗时：

3.4.7　知识链接

在两个或两个以上液压缸同时动作的液压系统中，有时会需要它们在运动过程中能够克服负载、泄漏、摩擦、制造误差以及结构变形上的差异，保持相同的速度或相同的位移，实现同步运动，这就需要采用同步回路。同步回路分为速度同步和位置同步，速度同步是指运动部件的运动速度相同，位置同步是指运动部件在运动过程中时刻保持相同的位置和位移。

3.4.7.1　机械连接的同步回路

图 3-4-4 所示为液压缸活塞杆机械连接的同步回路。由于机械构件在安装制造上的误差，同步精度不高；同时，两个液压缸之间的距离不宜过大，负载差异也不宜过大，否则会造成卡死现象。这种回路结构简单、工作可靠，但只适用于两缸载荷不大的场合，机械的连接件应具有良好的导向结构和刚性，例如水闸等。液压缸垂直放置时，由于刚性结构件的自重作用，下腔油液压力可能很高，这就需要在回油路上增加平衡阀。

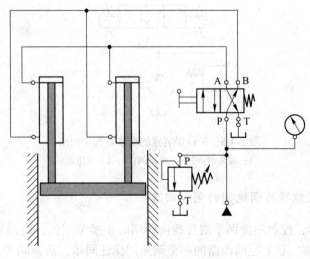

图 3-4-4　活塞杆机械连接的同步回路

3.4.7.2　串联液压缸同步回路

图 3-4-5 所示为带补偿装置的串联缸的同步回路。液压缸 5 回油腔排出的油液又被送入液压缸 6 的进油腔。如果串联油腔活塞的有效面积相等，便可实现同步运动。由于泄漏和制造误差，影响了串联液压缸的同步精度，当活塞往复多次后，会产生严重的失调现象，为此要采取补偿装置。当两缸活塞同时下行时，若缸 5 活塞先到达行程端点，则挡块压下行程开关 SQ1，电磁铁 Z3 通电，换向阀 3 左位工作，压力油经换向阀 3 和液控单向阀 4 进入缸 6 上腔，进行补油，使其活塞继续下行到达行程端点。如果缸 6 活塞先到达行程端点，行程开关 SQ2 使电磁铁 Z4 通电，换向阀 3 右位工作，压力油进入液控单向阀 4 的控制口，打开阀 4，缸 5 下腔与油箱接通，使其活塞继续下行到达行程端点，从而消除积累误差。这种回路允许较大偏差，偏载所造成的压差不影响流量的改变，只会导致微小的压缩和泄漏，因此同步精度较高，回路效率也较高。但两个串联液压缸的活塞有效面积相等，是实现同步运动的保证，同时泵的供油压力要大于两缸工作压力之和。

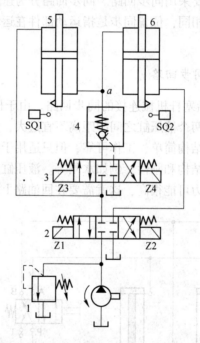

图 3-4-5　带补偿装置的串联缸同步回路
1—溢流阀；2~4—电磁阀；5，6—液压缸

3.4.7.3　用蓄能器与调速阀的同步回路

如图 3-4-6 所示，控制油使两个液控换向阀同时切换至左位，由同规格的两个蓄能器分别向两缸下腔供油，靠上腔回油路的两个调速阀保证同步，活塞同步上升，手动换向阀切换至右位后，两活塞下降。下降于终点后液压泵向蓄能器充油。这种回路适用于低压小功率液压系统。蓄能器排出的压力油量应能保证活塞的行程。

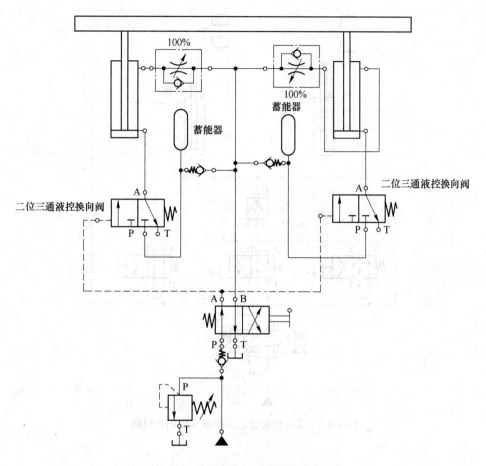

图 3-4-6　用蓄能器与调速阀的同步回路

3.4.8　知识检测

3.4.8.1　填空题

（1）同步回路分为（　　　　）和（　　　　）。

（2）典型同步回路有（　　　　）、（　　　　）和（　　　　）等。

（3）机械连接的同步回路适用于两缸载荷（　　　　）的场合，机械的连接件应具有良好的（　　　　）。

（4）活塞杆连接的同步回路液压缸垂直放置时，由于刚性结构件的自重作用，下腔油液压力可能很高，这就需要在回油路上增加（　　　　）。

（5）（　　　　）适用于低压小功率液压系统。

3.4.8.2　分析题

对图 3-4-7 带补偿装置的串联液压缸同步回路进行回路分析。

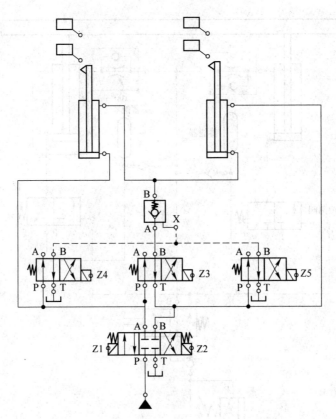

图 3-4-7 带补偿装置的串联液压缸同步回路

模块 4　PLC 控制的液压传动回路

任务 4.1　制作压坯机液压系统

项目教学目标

知识目标：

（1）掌握压坯机液压系统的应用原理；

（2）掌握 PLC 自动控制压坯机液压动作的原理。

技能目标：

（1）能根据压坯机液压系统回路图、设备布局图按要求安装、调试其控制回路；

（2）能根据任务要求，利用 PLC 控制，安装调试，实现压坯液压系统动作。

素质目标：

（1）遵守现场操作的职业规范，具备安全、整洁、规范实施工作任务的能力；

（2）具有良好的职业道德和职业责任感；

（3）具有资料检索能力、学习能力、表达能力、团队交流协作能力；

（4）具有不断开拓创新的意识。

知识目标

4.1.1　任务描述

陶瓷机电设备是陶瓷工业生产过程中的机械设备，陶瓷机电设备有助于品种的开发、产量的增加、质量的提高、产品成本的降低及劳动生产率的提高。压坯机是日用陶瓷生产中的主要生产设备。在自动化机械或生产线中，压坯机常用来压制物体，如图 4-1-1 所示压坯机液压传动系统。

按下启动按钮 SB，压坯机下行至位置后可开始压制物体，当压力达到 5MPa 时，液压缸停止保压，5s 后液压缸快速退回原位，并且要求液压缸下行时的速度可调节，并设有停止和复位按钮。

4.1.2　任务分析

通过安装调试较为复杂控制回路，掌握 PLC 控制执行元件动作的应用特点，为将来更好地从事自动化控制行业打下扎实的基础。

4.1.3　任务材料清单

任务材料清单见表 4-1-1。

表 4-1-1　器材清单

名　称	图形符号	数量	备　　注
液压实训台		1	
PLC 控制模块		1	
按钮模块		1	
液压缸		2	
液控单向阀	P_2 P_1 X	1	

名称	图形符号	数量	备　注
三位四通电磁换向阀	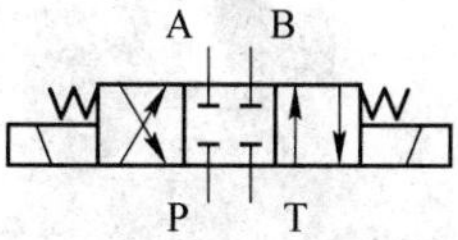	4	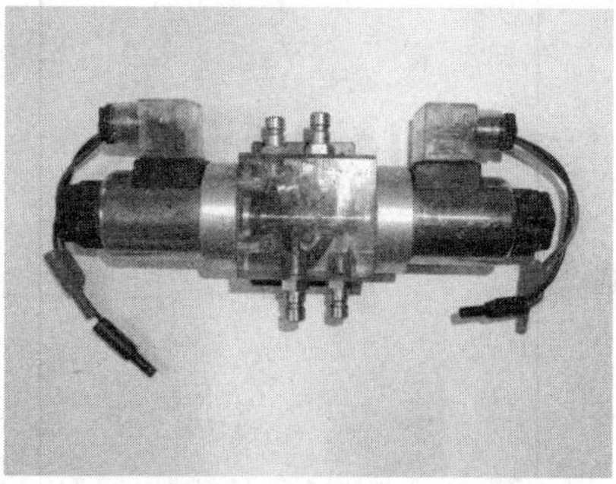
压力表	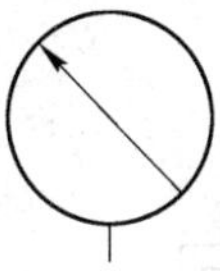	1	
电线		若干	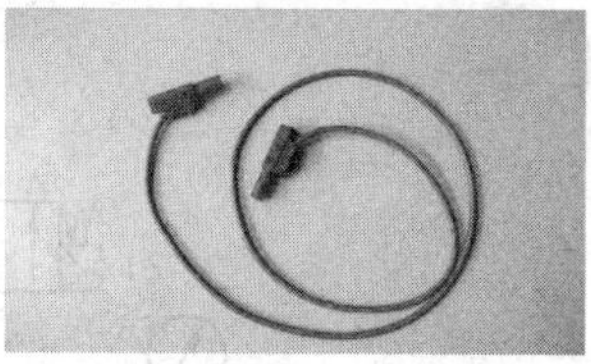
液压油管		若干	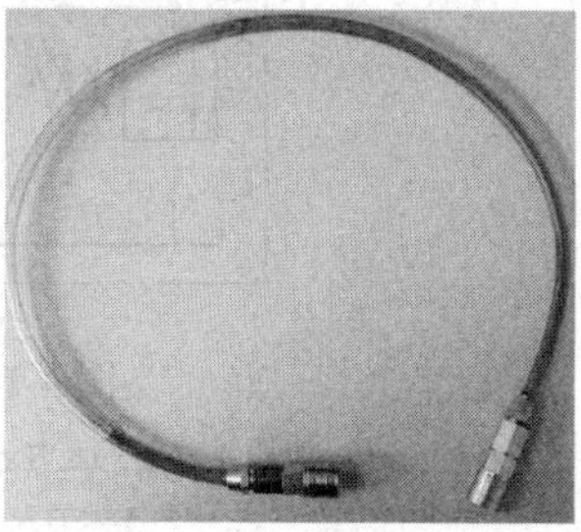

名　称	图形符号	数量	备　　注
三通	⊥	若干	

4.1.4　相关知识

图 4-1-1 所示为压坯机液压系统回路。

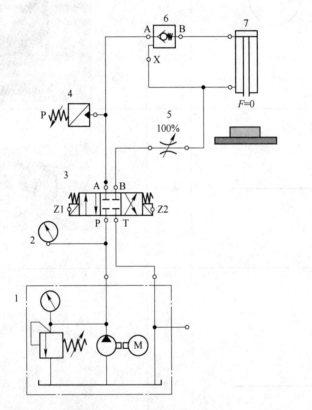

图 4-1-1　压坯机液压系统回路图

1—液压站；2—压力表；3—三位四通电磁换向阀；4—压力继电器；

5—节流阀；6—液控单向阀；7—液压缸

电磁铁动作顺序见表 4-1-2。

表 4-1-2　电磁铁动作顺序

名　　称	Z1	Z2
下行	+	−
压制（保压）	+	−
快退	−	+

　　PLC 控制动作原理，如图 4-1-2、图 4-1-3 所示，设置一个启动按钮 SB1、一个停止按钮 SB2 和一个复位按钮 SB3。按下 SB1 时，压坯机下行至位置后开始压制物体，延时 5s 后，压坯机快速退回原位。当遇到紧急情况时，按下停止按钮 SB2，压坯机停止在当前位置，直到按下复位按钮 SB3 时，压坯机回到原位。

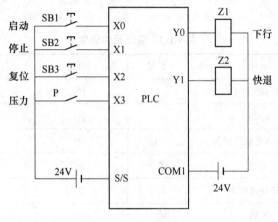

图 4-1-2　电气系统图

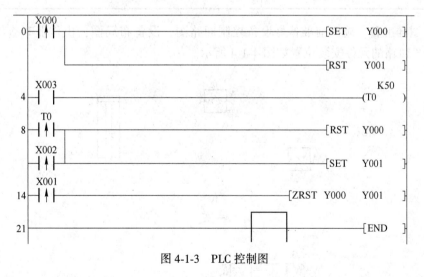

图 4-1-3　PLC 控制图

　　本任务是看懂回路图并且在实验台上进行安装调试，会分析它的工作原理，编写好 PLC 程序，并进行调试。

　　（1）安装液压回路图。

　　（2）编写 PLC 梯形图。

（3）调试动作，达到任务要求。

技能目标

4.1.5 工艺要求

压坯机液压系统回路安装与调试步骤如下。

4.1.5.1 准备工作

（1）设备清点。按表 4-1-1 清点设备型号规格及数量，并领取液压元件及相关工具。

（2）液压元件的清点。见表 4-1-3，操作人员应清点液压元件的数量，同时认真检查其性能是否完好。

表 4-1-3 液压元件清单

序号	名称	数量	单位	备　注
1	液压试验平台		台	
2	压力表	1	只	
3	三位四通电磁换向阀	1	只	
4	油管	若干	条	
5	液压快速接头	若干	个	
6	三通	若干	个	
7	液压缸	1	个	

（3）图样准备。施工前准备好设备控制回路图、设备布局图，供作业时查阅。压坯机液压系统回路的元件安装位置如图 4-1-4 所示。

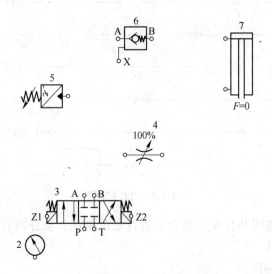

图 4-1-4 压坯机液压系统回路布局图

4.1.5.2　液压回路安装

（1）根据压坯机液压系统回路布局图进行安装。如图 4-1-5 所示。

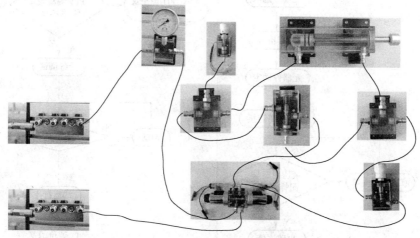

图 4-1-5　压坯机液压系统回路安装示意图

（2）液压回路检查。对照压坯机液压系统回路布局图检查液压回路的正确性、可靠性，严禁调试过程中出现油管脱落现象，确保安全。

4.1.5.3　设备调试

清扫设备后，在确认人身和设备安全的前提下进行调试。调试时要认真观察设备的动作情况，若出现问题，应立即切断电源，避免扩大故障范围，待调整、检修或解决后重新调试，直至设备完全实现功能。

4.1.5.4　现场清理

设备调试完毕，要求操作者清点工量具、归类整理资料，并清扫现场卫生。
（1）清点工量具。对照工量具清单清点工具，并按要求装入工具箱。
（2）资料整理。整理归类技术说明书、设备清单、控制回路图、设备布局图等资料。
（3）清扫设备周围卫生，保持环境整洁。

4.1.6　任务实施

4.1.6.1　安装调试压坯机液压系统回路

接到任务后，小组内先讨论实施方案，然后根据每一位成员的能力进行分工，在整个过程中，小组内要有良好的讨论氛围，每位成员都有任务，具体的实施步骤如图 4-1-6 所示。

4.1.6.2　评价

表 4-1-4 为打包机手爪液压系统回路过程评价表。

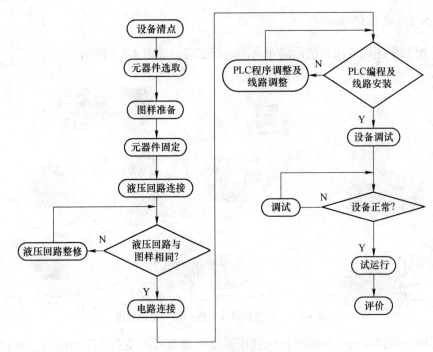

图 4-1-6　实施步骤

表 4-1-4　压坯机液压系统回路过程评价表

验收项目	验收要求	配分标准	分值	扣分	得分
施工准备	1. 穿戴好劳保用品 2. 正确选取元器件 3. 正确领取工量具	1. 劳保用品穿戴不规范扣10 分 2. 领取元器件错误，错一个扣 1 分，扣完为止	10		
液压回路搭建	1. 元器件安装可靠、正确 2. 油路连接正确，规范美观 3. 安装管路动作规范 4. 正确连接设计的液压回路，管路无错误	1. 管路脱落一次扣 1 分，扣完为止 2. 错装一次管路扣 1 分，管路出现大变形一条扣 1 分，扣完为止	30		
PLC 控制线路搭建	1. 能正确地进行接线 2. 能正确利用编程软件，输入、下载程序 3. 编写的 PLC 控制方案能满足动作的要求 4. 能根据接线图和梯形图，填写相应的 PLC I/O 端口分配表	1. 每接错 1 处，扣 1 分，出现因接线问题造成 PLC 损坏等重大问题的，扣 3 分 2. 不能实现者，扣 5 分 3. 编写的程序能完全满足控制的要求，该项满分；部分满足动作要求，视情况酌情扣分 4. I/O 分配表，漏写 1 个端口扣 1 分	30		

验收项目	验收要求	配分标准	分值	扣分	得分
液压回路调试	1. 检查泵站、油液位、电机是否正常 2. 液压系统最大压力值调定 3. 轻载启动 4. 按要求调试压力 5. 启动、停止和复位按钮能实现相应的功能 6. 保压时间 5s	1. 不检查泵站扣 1 分 2. 带载荷启动电机扣 2 分 3. 未轻载气动扣 1 分 4. 未按要求调试压力的扣 2 分 5. 按钮不能实现相关功能的一个扣 2 分 6. 保压时间不符合要求扣 2 分	20		
安全生产	1. 自觉遵守安全文明生产规程 2. 保持现场干净整洁，工具摆放有序 3. 是否伤害到别人或者自己、物件是否掉地等不安全操作 4. 人离开工作台是否卸载	1. 导线、液压元器件、油管掉地扣 2 分 2. 人离开工作台未卸载扣 2 分 3. 出现安全事故扣 10 分	10		
总　　分					
搭档：		任务耗时：			

4.1.7　知识链接

4.1.7.1　压力继电器

A　压力继电器的原理

压力继电器是一种将油液的压力信号转换成电信号的电液控制元件。当油液压力达到的调定压力时，压力继电器即发出电信号，从而控制相应的电气元件（如电磁铁、电磁离合器和继电器等元件）动作，使油路换向、执行元件实现顺序动作，起安全保护作用等。

图 4-1-7（a）所示为压力继电器的实物图，图 4-1-7（b）所示为柱塞式压力继电器

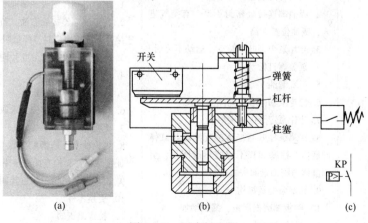

图 4-1-7　压力继电器

（a）实物图；（b）柱塞式压力继电器结构；（c）图形符号

的结构。调节压力继电器的压力，当压力继电器下端进油口的油压达到调定的压力值时，推动柱塞上移，通过顶杆推动微动开关闭合，发出电信号；当进油口的压力降低到调定的压力值以下时，弹簧使柱塞下移，压力继电器复位切断电信号。压力继电器发出信号时的压力称为开启压力，切断电信号时的压力称为闭合压力。

B　压力继电器的应用

图 4-1-8 所示为液压缸自动缩回控制回路，当 Z1 通电时，换向阀左位工作，压力油经节流阀进入缸左腔，缸右腔回油，活塞慢速右移；当活塞行至终点时，压力升高，压力继电器发出电信号，使 Z2 通电，Z1 断电，换向阀右位工作，活塞杆快速收回。

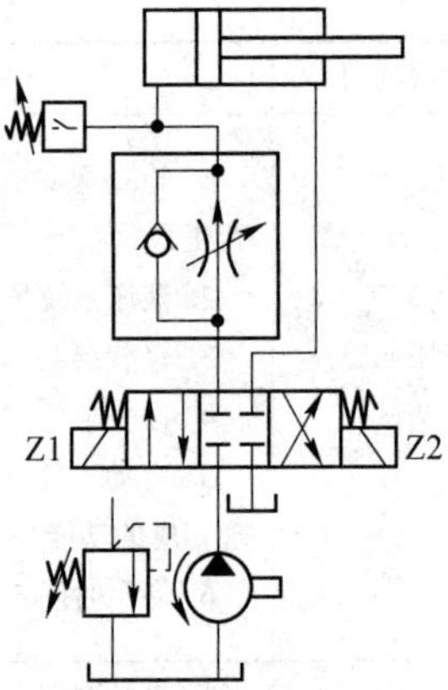

图 4-1-8　液压缸自动缩回控制回路

4.1.7.2　液压泵常见故障分析及排除方法

液压泵常见故障分析及排除方法见表 4-1-5。

表 4-1-5　液压泵常见故障分析及排除方法

故障现象	原因分析	排除方法
不排出油或无压力	1. 原动机和液压泵转向不一致 2. 油箱油位过低 3. 吸油管或滤油器堵塞 4. 启动时转速过低 5. 油液黏度过大或叶片移动不灵活 6. 叶片泵配油盘与泵体接触不良或叶片在滑槽内卡死 7. 进油口漏气 8. 组装螺钉过松	1. 纠正转向 2. 补油至油标线 3. 清洗吸油管路及滤油器，使其畅通 4. 使转速达到液压泵的最低转速以上 5. 检查油质，更换黏度适合的液压油或提高油温 6. 修理接触面，重新调试，清洗滑槽和叶片，重新安装 7. 更换密封件或接头 8. 拧紧螺钉
流量不足或压力不能升高	1. 吸油管滤油器部分堵塞 2. 吸油端连接处密封不严，有空气进入，吸油位置太高 3. 叶片泵个别叶片装反，运动不灵活 4. 泵盖螺钉松动 5. 系统漏油 6. 齿轮泵轴向和径向间隙过大 7. 叶片泵定子内表面磨损 8. 柱塞泵柱塞与缸体或配油盘与缸体间磨损，柱塞回程不够或不能回程，引起缸体与配油盘间失去密封 9. 柱塞泵变量机构失灵 10. 侧板端磨损严重，漏损增加 11. 溢流阀失灵	1. 除去脏物，使吸油畅通 2. 在吸油端连接处涂油，若有好转，则紧固连接件，或更换密封，降低吸油高度 3. 逐个检查，不灵活叶片应重新研配 4. 适当拧紧 5. 对系统进行顺序检查 6. 找出间隙过大部位，采取措施 7. 更换零件 8. 更换柱塞，修磨配流盘与缸体的接触面，保证接触良好，检查或更换中心弹簧 9. 检查变量机构，纠正其调整误差 10. 更换零件 11. 检修溢流阀

故障现象	原因分析	排除方法
噪声严重	1. 吸油管或滤油器部分堵塞 2. 吸油端连接处密封不严，有空气进入，吸油位置太高 3. 从泵轴油缝处有空气进入 4. 泵盖螺钉松动 5. 泵与联轴器不同心或松动 6. 油液黏度过高，油中有气泡 7. 吸入口滤油器通过能力太小 8. 转速太高 9. 泵体腔道阻塞 10. 齿轮泵齿形精度不高或接触不良，泵内零件损坏 11. 齿轮泵轴向间隙过小，齿轮内孔与端面垂直度或泵盖上两孔平行度超差 12. 溢流阀阻尼孔堵塞 13. 管路振动	1. 除去脏物，使吸油管畅通 2. 在吸油端连接处涂油，若有好转，则紧固连接件，或更换密封，降低吸油高度 3. 更换油封 4. 适当拧紧 5. 重新安装，使其同心，紧固连接件 6. 换黏度适当液压油，提高油液质量 7. 改用通过能力较大的滤油器 8. 使转速降至允许最高转速以下 9. 清理或更换泵体 10. 更换齿轮或研磨修整，更换损坏零件 11. 检查并修复有关零件 12. 拆卸溢流阀清洗 13. 采取隔离消振措施
泄漏	1. 柱塞泵中心弹簧损坏，使缸体与配油盘间失去密封性 2. 油封或密封圈损伤 3. 密封表面不良 4. 泵内零件间磨损、间隙过大	1. 更换弹簧 2. 更换油封或密封圈 3. 检查修理 4. 更换或重新配研零件
柱塞泵不转	1. 柱塞与缸体卡死 2. 柱塞球头折断，滑履脱落	1. 研磨、修复 2. 更换零件
过热	1. 油液黏度过高或过低 2. 侧板和轴套与齿轮端面严重摩擦 3. 油液变质，吸油阻力增大 4. 油箱容积太小，散热不良	1. 更换黏度适合的液压油 2. 修理或更换侧板和轴套 3. 换油 4. 加大油箱，扩大散热面积
柱塞泵变量机构失灵	1. 在控制油路上，可能出现阻塞 2. 变量活塞以及弹簧心轴卡死	1. 净化油，必要时冲洗油路 2. 如机械卡死，可研磨修复；如油液污染，则清洗零件并更换油液

任务 4.2 制作陶瓷柱塞泵、泥浆泵液压系统

项目教学目标

知识目标：

（1）掌握陶瓷柱塞泵、泥浆泵液压系统的应用原理；

（2）掌握 PLC 自动控制陶瓷柱塞泵、泥浆泵液压系统动作的原理。

技能目标：

（1）能根据陶瓷柱塞泵泥浆泵回路图、设备布局图按要求安装、调试其控制回路；

（2）能根据任务要求，利用 PLC 控制，安装调试，实现陶瓷柱塞泵、泥浆泵系统

动作。

素质目标：

(1) 遵守现场操作的职业规范，具备安全、整洁、规范实施工作任务的能力；

(2) 具有良好的职业道德和职业责任感；

(3) 具有资料检索能力、学习能力、表达能力、团队交流协作能力；

(4) 具有不断开拓创新的意识。

知识目标

4.2.1　任务描述

在自动化机械或生产线中，当需要将泥浆输送出来时，就要利用柱塞泵。柱塞泵的来回运动是靠液压缸来推动的，所以需利用一个双缸循环动作的液压回路来实现柱塞泵运动，图 4-2-1 所示即为陶瓷机电设备利用双缸循环实现柱塞泵往复运动。

图 4-2-1　陶瓷机电设备

4.2.2　任务分析

通过安装调试较为复杂的控制回路，掌握 PLC 控制液压缸动作顺序的应用特点。柱塞泵由液压缸 A 和液压缸 B 驱动，工作过程中每个液压缸都在做伸缩运动，并且两个液压缸的运动方向总是相反的，即液压缸 A 从上往下运动的时候液压缸 B 从下往上运动；液压缸 A 从下往上运动的时候液压缸 B 从上往下运动。根据该控制特性，只需要在其中一个液压缸驱动部件的上下极限位置安装接近开关即可。

4.2.3　任务材料清单

任务材料清单见表 4-2-1。

表 4-2-1　器材清单

名称	图形符号	数量	备　注
液压实训台		1	
PLC 控制模块		1	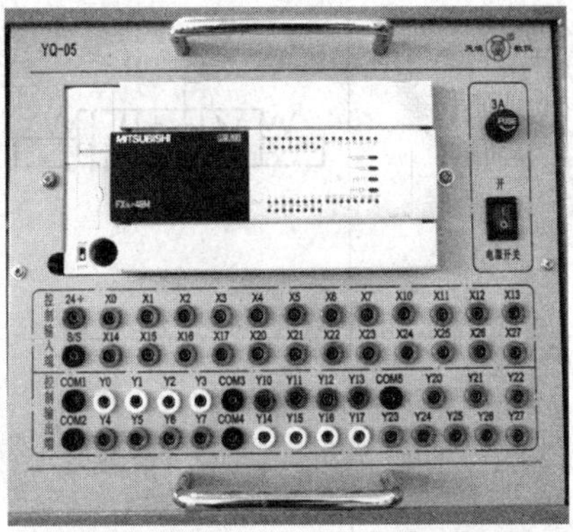
按钮模块		1	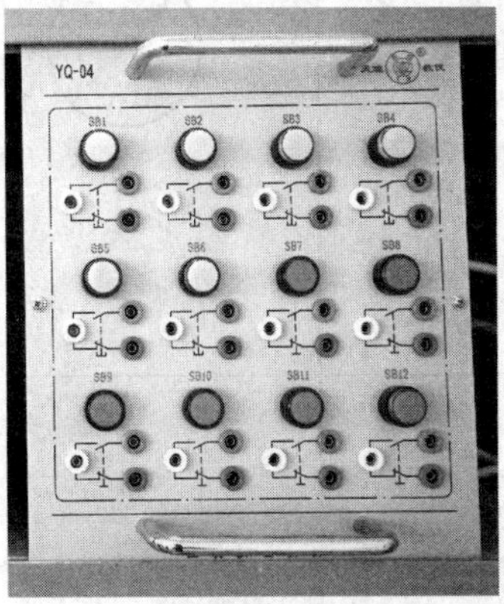
液压缸	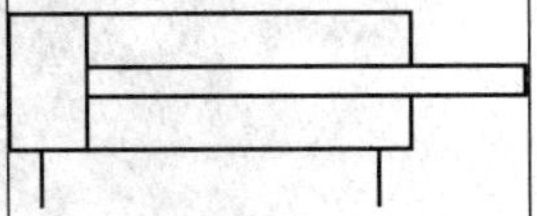	2	

名称	图形符号	数量	备　注
节流阀	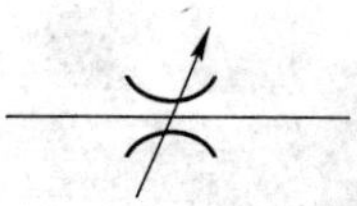	2	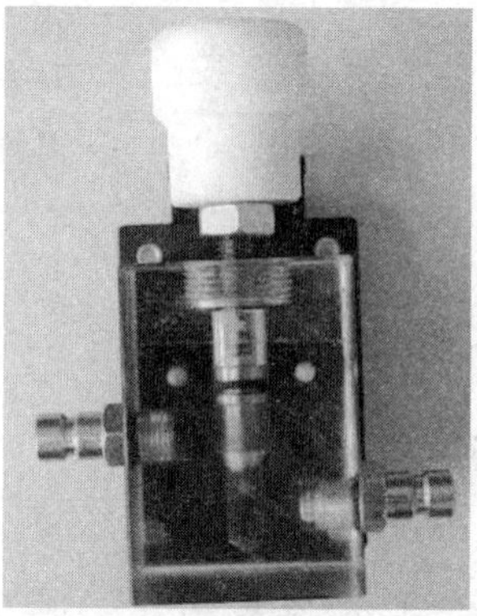
二位四通电磁换向阀	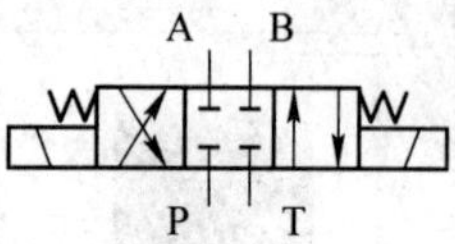	2	
压力表	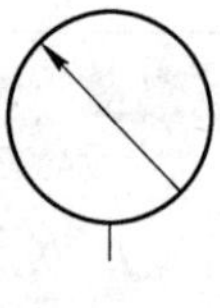	1	
三通		若干	

名称	图形符号	数量	备　注
液压油管	——————	若干	
电线		若干	

4.2.4　相关知识

图 4-2-2 所示为陶瓷柱塞泵泥浆泵系统回路。

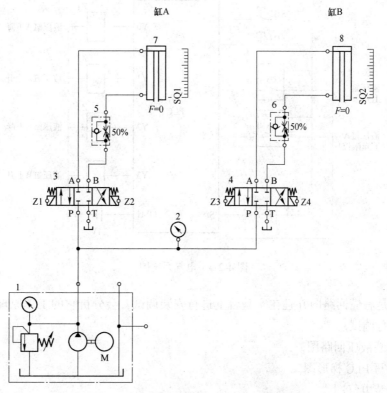

图 4-2-2　陶瓷柱塞泵泥浆泵液压系统回路图

1—液压站；2—压力表；3，4—三位四通电磁换向阀；5，6—单向节流阀；7，8—液压缸 A、B

电磁铁动作顺序，见表 4-2-2。

表 4-2-2　电磁铁动作顺序

名　　称	Z1	Z2	Z3	Z4
缸 A 下降	+	−	−	−
缸 A 上升	−	+	−	−
缸 B 下降	−	−	+	−
缸 B 上升	−	−	−	+
停止	−	−	−	−

液压系统的初始位置是：两个液压缸对应的电磁阀都处于断电状态；伸缩缸的原点位置及状态为处于上方。

PLC 控制系统有一个启动按钮 SB1、一个停止卸荷按钮 SB2，一个控制循环动作过程如下：

柱塞泵由液压缸 A 和液压缸 B 驱动，工作过程中每个液压缸都在做伸缩运动，并且两个液压缸的运动方向总是相反的，即液压缸 A 从上往下运动的时候液压缸 B 从下往上运动；液压缸 A 从下往上运动的时候液压缸 B 从上往下运动。根据该控制特性，只需要在其中一个液压缸驱动部件的上下极限位置安装接近开关即可。

PLC 控制系统图及接线图，如图 4-2-3、图 4-2-4 所示。

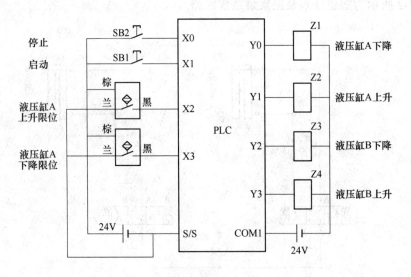

图 4-2-3　电气系统图

本任务是看懂回路图并且在实验台上进行安装调试，会分析它的工作原理，编写 PLC 程序，并进行调试。

（1）安装液压回路图。

（2）编写 PLC 梯形图。

（3）安装电气图。

（4）调试动作，达到任务要求。

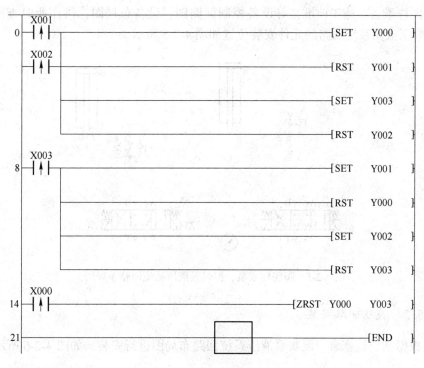

图 4-2-4 PLC 控制图

技能目标

4.2.5 工艺要求

陶瓷柱塞泵、泥浆泵液压系统回路安装与调试步骤如下。

4.2.5.1 准备工作

（1）设备清点。按表 4-2-1 清点设备型号规格及数量，并领取液压元件及相关工具。

（2）液压元件的清点。见表 4-2-3，操作人员应清点液压元件的数量，同时认真检查其性能是否完好。

表 4-2-3 液压元件清单

序号	名　称	数量	单　位	备　注
1	液压试验平台		台	
2	液压缸	2	只	
3	三位四通电磁换向阀	2	只	
4	压力表	1	只	
5	单向节流阀	2	只	
6	油管	若干	条	
7	液压快速接头	若干	个	
8	三通	若干	个	

（3）图样准备。施工前准备好设备控制回路图、设备布局图，供作业时查阅。陶瓷柱塞泵泥浆泵液压系统回路的元件安装位置如图 4-2-5 所示。

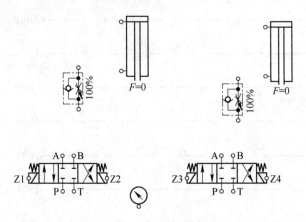

图 4-2-5　陶瓷柱塞泵、泥浆泵液压系统回路布局图

4.2.5.2　液压回路安装

（1）根据陶瓷柱塞泵、泥浆泵液压系统回路布局图进行安装。如图 4-2-6 所示。

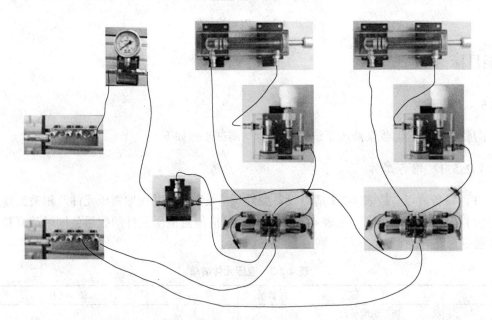

图 4-2-6　陶瓷柱塞泵、泥浆泵液压系统回路安装示意图

（2）液压回路检查。对照陶瓷柱塞泵、泥浆泵液压系统回路布局图检查液压回路的正确性、可靠性，严禁调试过程中出现油管脱落现象，确保安全。

4.2.5.3　设备调试

清扫设备后，在确认人身和设备安全的前提下进行调试。调试时要认真观察设备的动作情况，若出现问题，应立即切断电源，避免扩大故障范围，待调整、检修或解决后重新调试，直至设备完全实现功能。

4.2.5.4　现场清理

设备调试完毕，要求操作者清点工量具、归类整理资料，并清扫现场卫生。
（1）清点工量具。对照工量具清单清点工具，并按要求装入工具箱。
（2）资料整理。整理归类技术说明书、设备清单、控制回路图、设备布局图等资料。
（3）清扫设备周围卫生，保持环境整洁。

4.2.6　任务实施

4.2.6.1　安装调试陶瓷柱塞泵、泥浆泵液压系统回路

接到任务后，小组内先讨论实施方案，然后根据每一位成员的能力进行分工，在整个过程中，小组内要有良好的讨论氛围，每位成员都有任务，具体的实施步骤如图 4-2-7 所示。

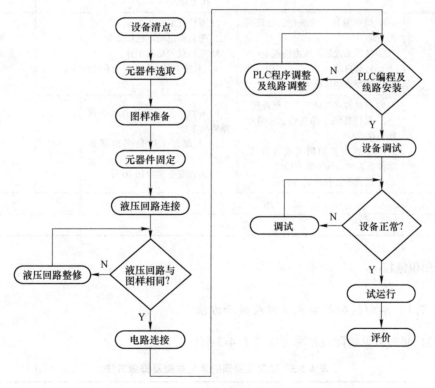

图 4-2-7　实施步骤

4.2.6.2　评价

表 4-2-4 为陶瓷柱塞泵泥浆泵液压系统回路过程评价表。

表 4-2-4   陶瓷柱塞泵泥浆泵液压系统回路过程评价表

验收项目	验收要求	配分标准	分值	扣分	得分
施工准备	1. 穿戴好劳保用品 2. 正确选取元器件 3. 正确领取工量具	1. 劳保用品穿戴不规范扣 10 分 2. 领取元器件错误,错一个扣 1 分,扣完为止	10		
液压回路搭建	1. 元器件安装可靠、正确 2. 油路连接正确,规范美观 3. 安装管路动作规范 4. 正确连接设计的液压回路,管路无错误	1. 管路脱落一次扣 1 分,扣完为止 2. 错装一次管路扣 1 分,管路出现大变形一条扣 1 分,扣完为止	30		
PLC 控制线路搭建	1. 能正确地进行接线 2. 能正确地利用编程软件,输入、下载程序 3. 编写的 PLC 控制方案能满足动作的要求 4. 能根据接线图和梯形图,填写相应的 PLC I/O 端口分配表	1. 每接错 1 处,扣 1 分,出现因接线问题造成 PLC 损坏等重大问题的,扣 3 分 2. 不能实现者,扣 5 分 3. 编写的程序能完全满足控制的要求,该项满分;部分满足动作要求,视情况酌情扣分 4. I/O 分配表,漏写 1 个端口,扣 1 分	30		
液压回路调试	1. 检查泵站、油液位、电机是否正常 2. 液压系统最大压力值调定 3. 轻载启动 4. 按要求调试压力	1. 不检查泵站扣 1 分 2. 带载荷启动电机扣 2 分 3. 未轻载气动扣 1 分 4. 未按要求调试压力的扣 2 分	20		
安全生产	1. 自觉遵守安全文明生产规程 2. 保持现场干净整洁,工具摆放有序 3. 是否伤害到别人或者自己、物件是否掉地等不安全操作 4. 人离开工作台是否卸载	1. 导线、液压元器件、油管掉地扣 2 分 2. 人离开工作台未卸载扣 2 分 3. 出现安全事故扣 10 分	10		
总 分					

搭档: 任务耗时:

4.2.7   知识链接

4.2.7.1   单向控制阀常见故障及排除方法

单向控制阀常见故障及排除方法见表 4-2-5。

表 4-2-5   单向控制阀的常见故障及排除方法

故障现象	原因分析	排除方法
产生噪声	1. 单向阀的流量超过额定流量 2. 单向阀与其他元件共振	1. 更换大规格的单向阀或减少通过阀的流量 2. 适当调节阀的工作压力或改变弹簧刚度

续表 4-2-5

故障现象	原因分析	排除方法
泄漏	1. 阀座锥面密封不严 2. 锥阀的锥面（或钢球）不圆或磨损 3. 油中有杂质，阀芯不能关死 4. 加工、装配不良，阀芯或阀座拉毛甚至损坏 5. 螺纹连接的结合部分没有拧紧或密封不严引起外泄	1. 检查，研磨 2. 检查，研磨或更换 3. 清洗阀，更换液压油 4. 检查更换 5. 拧紧，加强密封
单向阀失灵	1. 阀体或阀芯变形、阀芯有毛刺、油液污染引起的单向阀阀芯卡死 2. 弹簧折断、漏装或弹簧刚度太大 3. 锥阀（或钢球）与阀座完全失去密封作用 4. 锥阀与阀座同轴度超差或密封表面有生锈麻点，从而形成接触不良及严重磨损等	1. 清洗，修理或更换零件，更换液压油 2. 更换或补装弹簧 3. 研配阀芯和阀座 4. 清洗，研配阀芯和阀座
液控单向阀反向时打不开	1. 控制油压力低 2. 泄油口堵塞或有背压 3. 反向进油口压力高，液控单向阀选用不当	1. 按规定压力调整 2. 检查外泄管路和控制油路 3. 选用带卸荷阀芯的液控单向阀

4.2.7.2 换向控制阀常见故障及排除方法

换向控制阀常见故障及排除方法见表 4-2-6。

表 4-2-6 换向控制阀的常见故障及排除方法

故障现象	原因分析	排除方法
阀芯不动或不到位	1. 滑阀卡住 （1）滑阀与阀体配合间隙过小，阀芯在阀孔中卡住，不能动作或动作不灵活 （2）阀芯被碰伤，油液被污染 （3）阀芯几何形状超差，阀芯与阀孔装配不同轴，产生轴向液压卡紧现象 （4）阀体因安装螺钉的拧紧力过大或不均变形，使阀芯卡住不动 2. 液动换向阀控制油路有故障 （1）油液控制压力不够，弹簧过硬，使滑阀不动，不能换向或换向不到位 （2）节流阀关闭或堵塞 （3）液动滑阀的两端（电磁阀的专用）泄油口没有接回油箱或泄油管堵塞 3. 电磁铁故障 （1）因滑阀卡住交流电磁铁的铁芯吸不到底面烧毁 （2）漏磁，吸力不足 （3）电磁铁接线焊接不良，接触不好 （4）电源电压太低造成吸力不足，推不动阀芯 4. 弹簧折断、漏装、太软，不能使滑阀恢复中位 5. 电磁换向阀的推杆磨损后长度不够，使阀芯移动过小，引起换向不灵或不到位	1. 检查滑阀 （1）检查间隙情况，研修或更换阀芯 （2）检查、修磨或重配阀芯，换油 （3）检查、修正形状误差及同轴度，检查液压卡紧情况 （4）检查，使拧紧力适当、均匀 2. 检查控制回路 （1）提高控制压力，检查弹簧是否过硬，更换弹簧 （2）检查、清洗节流口 （3）检查，将泄油管接回油箱，清洗回油管，使之畅通 3. 检查电磁铁 （1）清除滑阀卡住故障，更换电磁铁 （2）检查漏磁原因，更换电磁铁 （3）检查并重新焊接 （4）提高电源电压 4. 检查、更换或补装弹簧 5. 检查并修复，必要时更换推杆

故障现象	原因分析	排除方法
电磁铁过热或烧毁	1. 电磁铁线圈绝缘不良 2. 电磁铁铁芯与滑阀轴线同轴度太差 3. 电磁铁铁芯吸不紧 4. 电压不对 5. 电线焊接不好 6. 换向频繁	1. 更换电磁铁 2. 拆卸重新装配 3. 修理电磁铁 4. 改正电压 5. 重新焊接 6. 减少换向次数，或采用高频性能换向阀
电磁铁动作响声大	1. 滑阀卡住或摩擦力过大 2. 电磁铁不能压到底 3. 电磁铁接触不平或接触不良 4. 电磁铁的磁力过大	1. 修研或更换滑阀 2. 校正电磁铁高度 3. 清除污物，修正电磁铁 4. 选用电磁力适当的电磁铁

4.2.7.3　节流阀常见故障及排除方法

节流阀常见故障及排除方法见表 4-2-7。

表 4-2-7　节流阀的常见故障及排除方法

故障现象	原因分析	排除方法
流量调节失灵或者调节范围小	1. 节流阀阀芯与阀体间隙过大，发生泄漏 2. 节流口阻塞或滑阀卡住 3. 节流阀结构不良 4. 密封件损坏	1. 修复或更换磨损零件 2. 清洗元件，更换液压油 3. 选用节流特性好的节流口 4. 更换密封件
流量不稳定	1. 油液中杂质污物黏附在节流口上，通流面积小，速度变慢 2. 节流阀性能差，由于振动使节流口变化 3. 节流阀内外泄漏大 4. 负载变化使速度突变 5. 油温升高，油液黏度降低，使速度加快 6. 系统中存在大量空气	1. 清洗元件，更换油液，加强过滤 2. 增加节流锁紧装置 3. 检查零件精度和配合间隙，修正或更换超差的零件 4. 改用调速阀 5. 采用温度补偿节流阀或调速阀，或设法减少温升，并采取散热冷却措施 6. 排出空气

4.2.7.4　调速阀常见故障及排除方法

调速阀常见故障及排除方法见表 4-2-8。

表 4-2-8　调速阀常见故障及排除方法

故障现象	原因分析	排除方法
压力补偿装置失灵	1. 阀芯、阀孔尺寸精度及形位公差超差，间隙过小，压力补偿阀芯卡死 2. 弹簧弯曲，使压力补偿阀芯卡死 3. 油液污染物使补偿阀芯卡死 4. 调速阀进出油口压力差太小	1. 拆卸检查、修配或更换超差的零件 2. 更换弹簧 3. 清洗元件，疏通油路 4. 调整压力，使之达到规定值

故障现象	原因分析	排除方法
流量调节失灵或者调节范围小	1. 节流阀阀芯与阀体间隙过大，发生泄漏 2. 节流口阻塞或滑阀卡住 3. 节流阀结构不良 4. 密封件损坏	1. 修复或更换磨损零件 2. 清洗元件，更换液压油 3. 选用节流特性好的节流口 4. 更换密封件
流量不稳定	1. 油液中杂质污物黏附在节流口上，通流面积小，速度变慢 2. 节流阀性能差，由于振动使节流口变化 3. 节流阀内外泄漏大 4. 负载变化使速度突变 5. 油温升高，油液黏度降低，使速度加快 6. 系统中存在大量空气	1. 清洗元件，更换油液，加强过滤 2. 增加节流锁紧装置 3. 检查零件精度和配合间隙，修正或更换超差的零件 4. 改用调速阀 5. 采用温度补偿节流阀或调速阀，或设法减少温升，并采取散热冷却措施 6. 排出空气

任务 4.3　制作打包机手爪液压系统

项目教学目标

知识目标：

（1）掌握打包机手爪液压系统的应用原理；

（2）掌握 PLC 自动控制打包机手爪液压动作的原理。

技能目标：

（1）能根据打包机手爪液压系统回路图、设备布局图按要求安装、调试其控制回路；

（2）能根据任务要求，利用 PLC 控制，安装调试，实现手爪液压系统动作。

素质目标：

（1）遵守现场操作的职业规范，具备安全、整洁、规范实施工作任务的能力；

（2）具有良好的职业道德和职业责任感；

（3）具有资料检索能力、学习能力、表达能力、团队交流协作能力；

（4）具有不断开拓创新的意识。

知识目标

4.3.1　任务描述

在自动化机械或生产线中，液压机械手常用来实现搬运工作，液压机械手搬运机工厂如图 4-3-1 所示，手爪产品从 A 点搬到 B 点，这就需要实现机械手的下降（A 点位置）→夹紧→升起→移动→（旋转）→下降（B 点位置）再回到时 A 点这一系列动作。通过利用现场实训设备，完成安装、调试打包机手爪液压系统，模拟出打包机手爪搬运一系列动作过程。

图 4-3-1　液压机械手搬运机

4.3.2　任务分析

液压系统如图 4-3-2 所示。机械手的夹紧与松开，升降、回转运动分别通过执行元件夹紧液压缸 2、升降液压缸 3 和液压马达 4 的运动实现。液压传动系统中的换向和顺序动作由 3 个换向阀实现。电磁铁 Z2 控制二位四通电磁换向阀，实现机械手夹紧工件的动作；电磁铁 Z3 控制二位四通电磁换向阀，使升降液压缸 5 能够完成手臂的上升和下降动作；电磁铁 Z4 控制二位四通电磁换向阀，使液压马达 4 能够完成手臂的回转动作。溢流阀 8 用于保持液压传动系统的压力为定值，压力值可由压力计 5 观察。电磁铁 Z1 控制的二位二通电磁换向阀为液压传动系统的开关，当电磁铁 Z1 通电时液压传动系统卸荷，机械手停止工作。

4.3.3　任务材料清单

任务材料清单见表 4-3-1。

表 4-3-1　器材清单

名称	图形符号	数量	备注
液压实训台		1	

名称	图形符号	数量	备注
PLC 控制模块		1	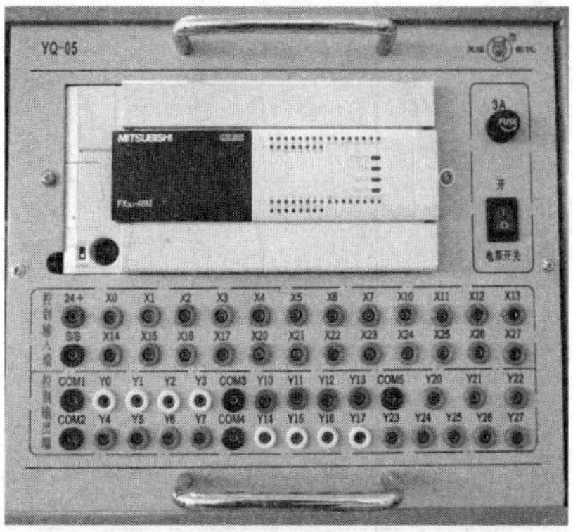
按钮模块		1	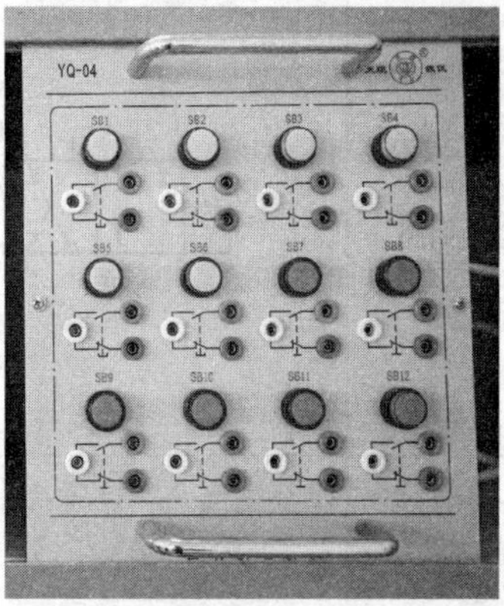
液压缸	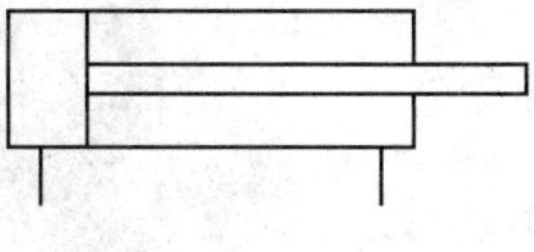	2	
溢流阀	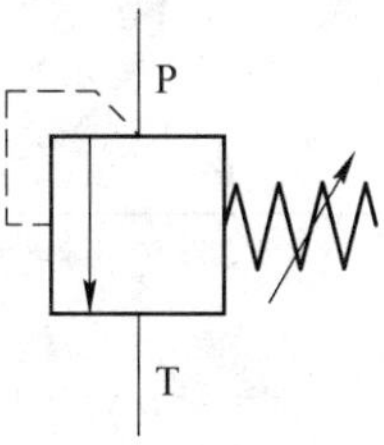	1	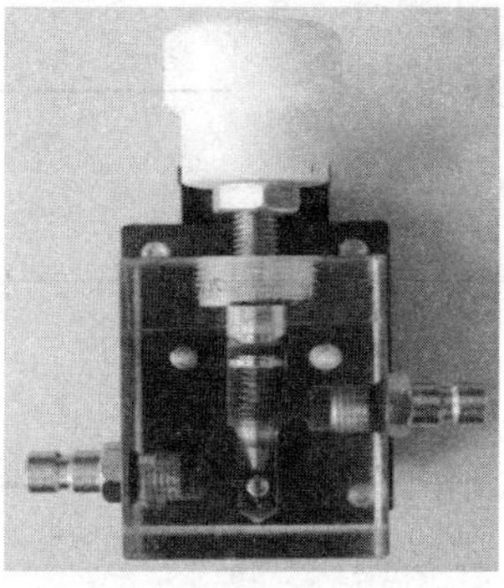

名称	图形符号	数量	备注
液压马达	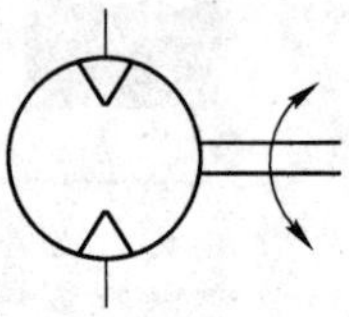	1	
二位四通电磁换向阀	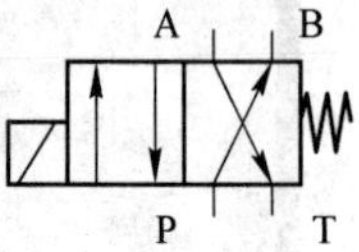 A B P T	4	
压力表	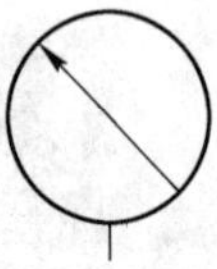	1	
电线	——————	若干	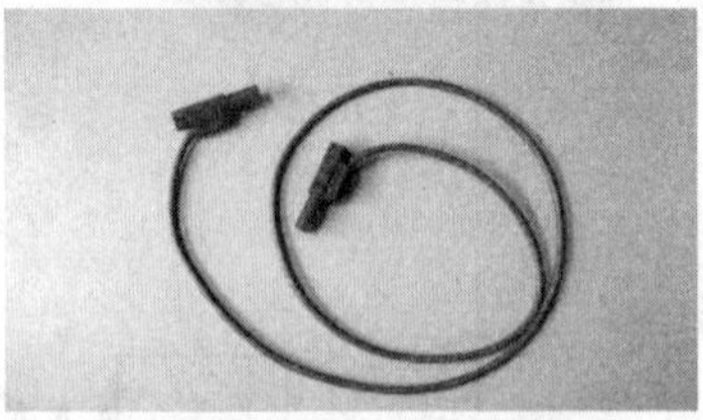
液压油管	——————	若干	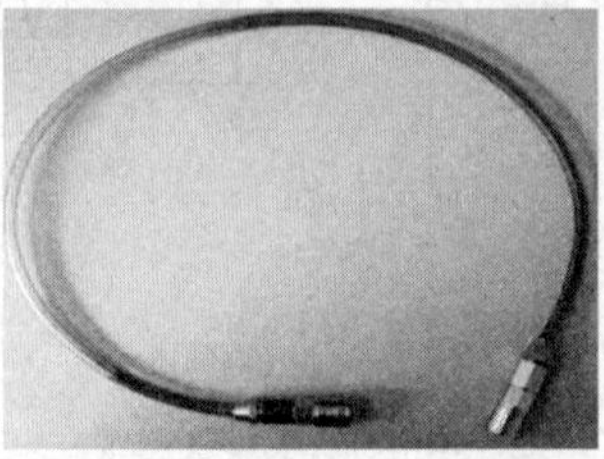

名称	图形符号	数量	备注
三通	⊥	若干	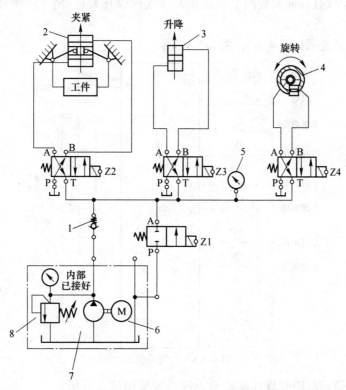

4.3.4　相关知识

图 4-3-2 所示为打包机手爪液压系统回路。

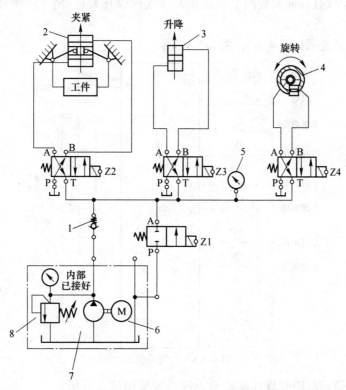

图 4-3-2　打包机手爪液压系统回路图

1—单向阀；2—夹紧液压缸；3—升降液压缸；4—旋转马达；

5—压力表；6—电动机；7—液压泵；8—溢流阀

电磁铁动作顺序见表 4-3-2。

表 4-3-2　电磁铁动作顺序表

名　　称	Z1	Z2	Z3	Z4
夹紧	-	-	-	-
松开	-	+	-	-
升	-	-	-	-
降	-	-	+	-
顺时针旋转	-	-	-	+
逆时针旋转	-	-	-	-
卸荷	+	-	-	-

液压系统的初始位置是：3 个液压缸对应的电磁阀都处于断电状态；手抓的原点位置及状态为处于左边、上升、放松的状态。

PLC 控制系统有一个启动按钮 SB1、一个停止卸荷按钮 SB2，一个控制循环动作过程如下：

按下 SB1 时→手抓下降→夹紧物体→上升→旋转缸旋转至右边→下降→松开物体→上升→旋转缸旋转至左边；按下 SB2→系统停止工作，手抓回到原点。

（说明：每个气缸外面安装两个磁性开关（或行程开关），用于检测液压缸的运动极限位置。）

系统的电气系统图如图 4-3-3、图 4-3-4 所示。

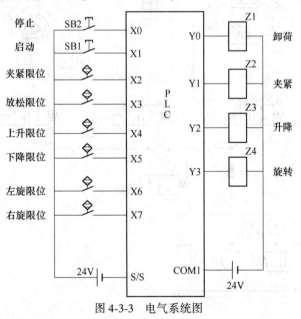

图 4-3-3　电气系统图

本任务是看懂回路图并且在实验台上进行安装调试，分析它的工作原理，编写 PLC 程序，并进行调试。

（1）安装气压回路图。

（2）安装电气系统图。

（3）编写 PLC 梯形图。

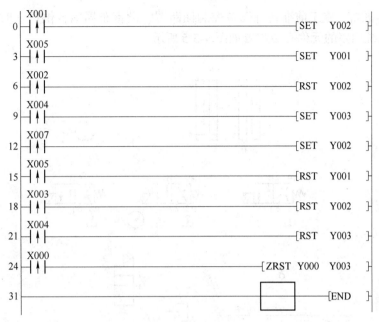

图 4-3-4　PLC 程序图

（4）调试动作，达到任务要求。

技能目标

4.3.5　工艺要求

打包机手爪液压系统回路安装与调试步骤如下。

4.3.5.1　准备工作

（1）设备清点。按表 4-3-1 清点设备型号规格及数量，并领取液压元件及相关工具。

（2）液压元件的清点。见表 4-3-3，操作人员应清点液压元件的数量，同时认真检查其性能是否完好。

表 4-3-3　液压元件清单

序号	名称	数量	单位	备　注
1	液压试验平台		台	
2	直动式溢流阀	1	只	
3	二位四通电磁换向阀	4	只	
4	压力表	1	只	
5	油管	若干	条	
6	液压快速接头	若干	个	
7	三通	若干	个	
8	液压缸	2	个	
9	液压马达	1	个	

（3）图样准备。施工前准备好设备控制回路图、设备布局图，供作业时查阅。打包机手爪液压系统回路的元件安装位置如图 4-3-5 所示。

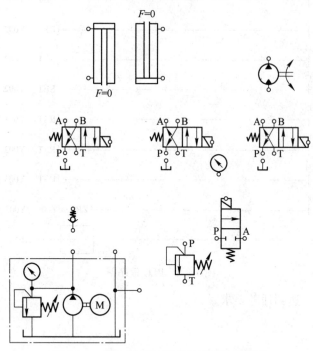

图 4-3-5　打包机手爪液压系统回路布局图

4.3.5.2　液压回路安装

（1）根据打包机回路布局图进行安装，如图 4-3-6 所示。

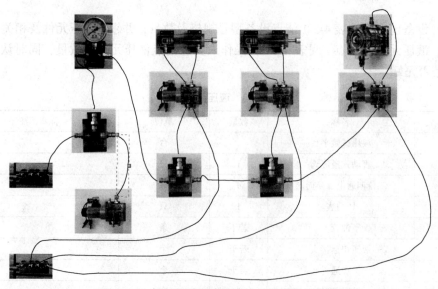

图 4-3-6　打包机手爪液压系统回路安装示意图

（2）液压回路检查。对照打包机手爪液压系统，回路布局图检查液压回路的正确性、可靠性，严禁调试过程中出现油管脱落现象，确保安全。

4.3.5.3　设备调试

清扫设备后，在确认人身和设备安全的前提下进行调试。调试时要认真观察设备的动作情况，若出现问题，应立即切断电源，避免扩大故障范围，待调整、检修或解决后重新调试，直至设备完全实现功能。

4.3.5.4　现场清理

设备调试完毕，要求操作者清点工量具、归类整理资料，并清扫现场卫生。
（1）清点工量具。对照工量具清单清点工具，并按要求装入工具箱。
（2）资料整理。整理归类技术说明书、设备清单、控制回路图、设备布局图等资料。
（3）清扫设备周围卫生，保持环境整洁。

4.3.6　任务实施

4.3.6.1　安装调试打包机手爪液压系统回路

接到任务后，小组内先讨论实施方案，然后根据每一位成员的能力进行分工，在整个过程中，小组内要有良好的讨论氛围，每位成员都有任务，具体的实施步骤如图4-1-7所示。

4.3.6.2　评价

表4-3-4所示为打包机手爪液压系统回路过程评价表。

表4-3-4　打包机手爪液压系统回路过程评价表

验收项目	验收要求	配分标准	分值	扣分	得分
施工准备	1. 穿戴好劳保用品 2. 正确选取元器件 3. 正确领取工量具	1. 劳保用品穿戴不规范扣10分 2. 领取元器件错误，错一个扣1分，扣完为止	10		
液压回路搭建	1. 元器件安装可靠、正确 2. 油路连接正确，规范美观 3. 安装管路动作规范 4. 正确连接设计的液压回路，管路无错误	1. 管路脱落一次扣1分，扣完为止 2. 错装一次管路扣1分，管路出现大变形一条扣1分，扣完为止	30		
PLC控制线路搭建	1. 能正确进行接线 2. 能正确利用编程软件输入下载程序 3. 编写的PLC控制方案能满足动作的要求 4. 能根据接线图和梯形图，填写相应的PLCI/O端口分配表	1. 每接错1处，扣1分，出现因接线问题造成PLC损坏等重大问题的，扣3分 2. 不能实现者，扣5分 3. 编写的程序能完全满足控制的要求，该项满分；部分满足动作要求，视情况酌情扣分 4. I/O分配表，漏写1个端口，扣1分	30		

续表 4-3-4

验收项目	验收要求	配分标准	分值	扣分	得分
液压回路调试	1. 检查泵站、油液位、电机是否正常 2. 液压系统最大压力值调定 3. 轻载启动 4. 按要求调试压力	1. 不检查泵站扣 1 分 2. 带载荷启动电机扣 2 分 3. 未轻载气动扣 1 分 4. 未按要求调试压力的扣 2 分	20		
安全生产	1. 自觉遵守安全文明生产规程 2. 保持现场干净整洁，工具摆放有序 3. 是否存在伤害别人或者自己、物件掉地等不安全操作 4. 人离开工作台是否卸载	1. 导线、液压元器件、油管掉地扣 2 分 2. 人离开工作台未卸载扣 2 分 3. 出现安全事故扣 10 分	10		
总　　分					

搭档：　　　　　　　　　　　　任务耗时：

4.3.7　知识链接

液压缸常见故障及排除方法见表 4-3-5。

表 4-3-5　液压缸常见故障及排除方法

故障现象	原因分析	排除方法
爬行	1. 混入空气 2. 运动密封件装配过紧 3. 活塞杆与活塞不同轴 4. 导向套与缸筒不同轴 5. 活塞杆弯曲 6. 液压缸安装不良，其中心线与导轨不平行 7. 缸筒内径圆柱度超差 8. 缸筒内孔锈蚀、拉毛 9. 活塞杆两端螺母拧得过紧，使其同轴度降低 10. 活塞杆刚性差 11. 液压缸运动件之间间隙过大 12. 导轨润滑不良	1. 排除空气 2. 调整密封圈，使之松紧适当 3. 校正、修正或更换 4. 修正调整 5. 校直活塞杆 6. 重新安装 7. 镗磨修复，重配活塞或增加密封件 8. 除去锈蚀、毛刺，或重新镗磨 9. 略松螺母，使活塞杆处于自然状态 10. 加大活塞杆直径 11. 减小配合间隙 12. 保持良好润滑
冲击	1. 间隙过大 2. 修理单向阀	1. 减缓间隙过大 2. 缓冲装置中的单向阀失灵
推力不足或工作速度下降	1. 缸体和活塞的配合间隙过大，或密封件损坏，造成内泄漏 2. 缸体和活塞的配合间隙过小，密封过紧，运动阻力大，推力不足 3. 运动零件制造存在误差和装配不良，或工作速度引起不同心或单面剧烈摩擦度下降 4. 活塞杆弯曲，引起剧烈摩擦 5. 缸体内孔拉伤与活塞咬死，或缸体内孔加工不良 6. 液压油中杂质过多，使活塞杆卡死 7. 油温过高，加剧泄漏	1. 修理或更换不合精度要求的零件，重新装配、调整或更换密封件 2. 增加配合间隙，调整密封件的压紧程度 3. 修理误差较大的零件，重新装配 4. 校直活塞杆 5. 镗磨、修复缸体，或更换缸体 6. 清洗液压系统，更换液压油 7. 分析温升原因，改进密封结构，避免温升过高

故障现象	原因分析	排除方法
外泄漏	1. 密封件咬边、拉伤或破坏 2. 密封件方向装反 3. 缸盖螺钉未拧紧 4. 运动零件之间有纵向拉伤和沟痕	1. 更换密封件 2. 改正密封件方向 3. 拧紧螺钉 4. 修理或更换零件

液压马达常见故障及排除方法原因分析见表 4-3-6。

表 4-3-6　液压马达常见故障及排除方法原因分析

故障现象	原因分析	排除方法
转速低、输出转矩小	1. 由于滤油器阻塞，油液黏度过大，泵间隙过大，泵效率低，使供油不足 2. 电机转速低，功率不匹配 3. 密封不严，有空气进入 4. 油液污染，堵塞马达内部通道 5. 油液黏度小，内泄漏增大 6. 油箱中油液不足，管径过小或过长 7. 齿轮马达侧板和齿轮两侧面、叶片马达配油盘和叶片等零件磨损，造成内泄漏和外泄漏 8. 单向阀密封不良，溢流阀失灵	1. 清洗滤油器，更换黏度适当的油液，保证供油量 2. 更换电机 3. 紧固密封 4. 拆卸、清洗马达，更换油液 5. 更换黏度适合的油液 6. 加油，加大吸油管径 7. 对零件进行修复 8. 修理阀芯和阀座
噪声过大	1. 进油口滤油器堵塞，进油管漏气 2. 联轴器与马达轴不同心或松动 3. 齿轮马达齿形精度低，接触不良，轴向间隙小，内部个别零件损坏，齿轮内孔与端面不垂直，端盖上两孔不平行，滚针轴承断裂，轴承架损坏 4. 叶片和主配油盘接触的两侧面、叶片顶端或定子内表面磨损或刮伤，扭力弹簧变形或损坏 5. 径向柱塞马达的径向尺寸严重磨损	1. 清洗，紧固接头 2. 重新安装调整或紧固 3. 更换齿轮，或研磨修整齿形，研磨有关零件，重配轴向间隙，对损坏零件进行更换 4. 根据磨损程度修复或更换 5. 修磨缸孔，重配柱塞
泄漏	1. 管接头未拧紧 2. 接合面螺钉未拧紧 3. 密封件损坏 4. 配油装置发生故障 5. 相互运动零件的间隙过大	1. 拧紧管接头 2. 拧紧螺钉 3. 更换密封件 4. 检修配油装置 5. 重新调整间隙或修理、更换零件

模块 5　气动基本回路

任务 5.1　压力控制回路

项目教学目标

知识目标：

（1）掌握压力控制器的工作原理；

（2）掌握压力控制回路的特点和应用。

技能目标：

（1）能正确选用压力控制器；

（2）能根据任务要求，设计和调试简单压力控制回路。

素质目标：

（1）遵守现场操作的职业规范，具备安全、整洁、规范实施工作任务的能力；

（2）具有良好的职业道德和职业责任感；

（3）具有资料检索能力、学习能力、表达能力、团队交流协作能力；

（4）具有不断开拓创新的意识。

知识目标

5.1.1　任务描述

全自动包装机的压装装置结构示意图如图 5-1-1 所示，其工作要求为当按下启动按钮 SB1 后，气缸活塞杆伸出，对物品进行压装，压实物品后仍停留 3s，然后气缸活塞杆快速返回，到位后活塞杆重新伸出对物料进行压装，如此往复循环，直至按下停止按钮 SB2，压装装置才停止工作。为了保证气缸活塞杆在压装过程中运行平稳，要求下压运行速度可以调节。由于压装物品的不同时，还需要对系统的压力进行调整。

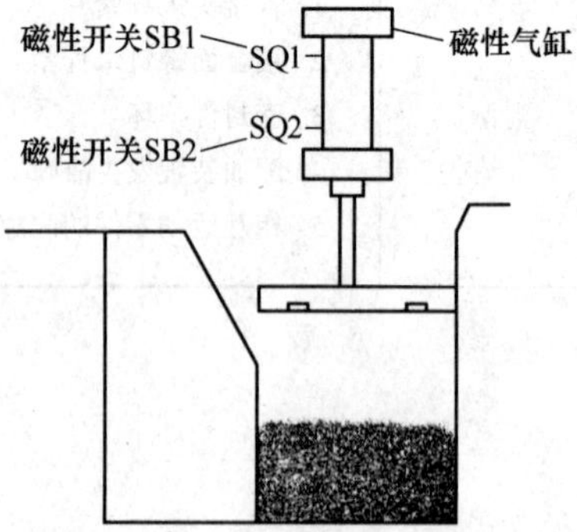

图 5-1-1　压装装置结构示意图

5.1.2　任务分析

通过安装典型压力控制回路，掌握压力继电器的应用特点；通过监测执行元件负载的压力，控制执行元件的运动方向，从而实现压装装置达到某一设定的压装效果。

5.1.3　任务材料清单

任务材料清单见表 5-1-1。

表 5-1-1　器材清单

名　称	图形符号	数量	备　　注
气动实训台		1	
空压机		1	
气动三联件		1	
快速排气阀		1	

名称	图形符号	数量	备　注
双作用单杆 活塞气缸	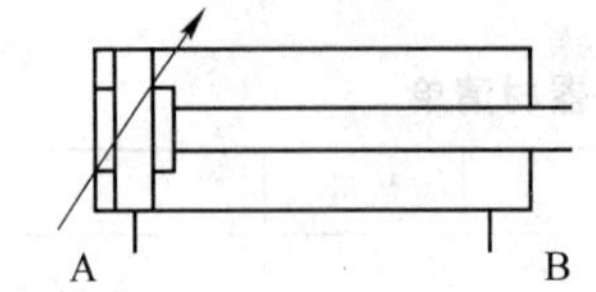 A　　　　　　　B	1	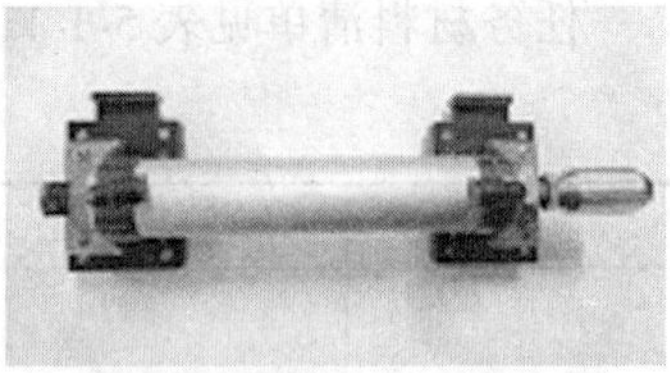
压力继电器	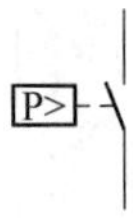 $\boxed{P>}$	1	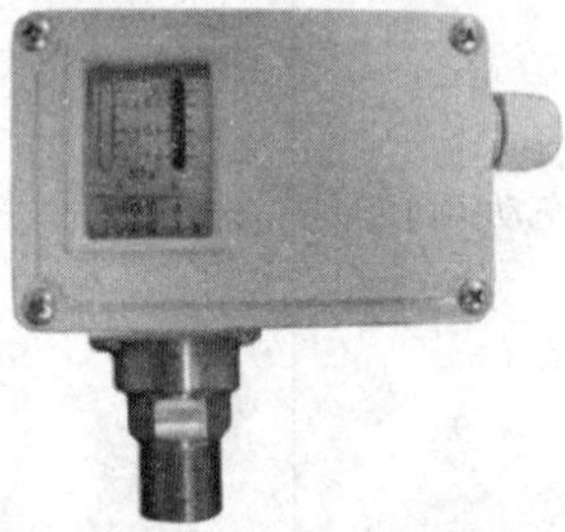
二位五通 双电控换向阀	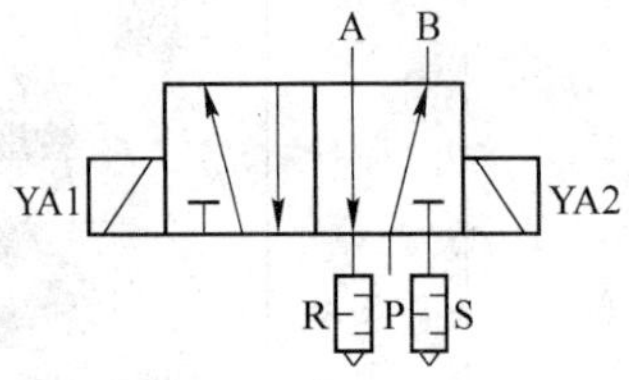 A　B YA1　　　　　YA2 R　P　S	1	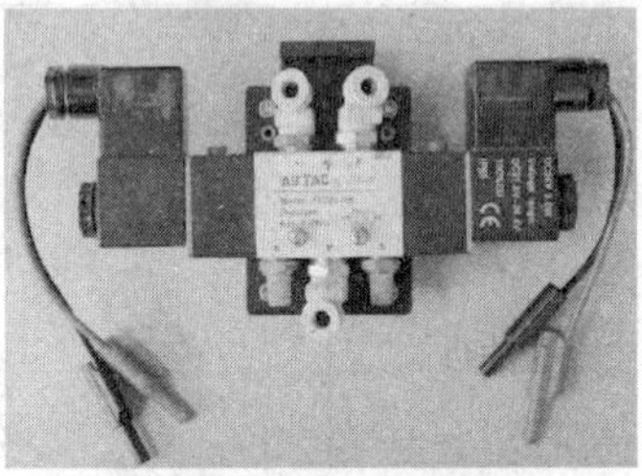
单向节流阀	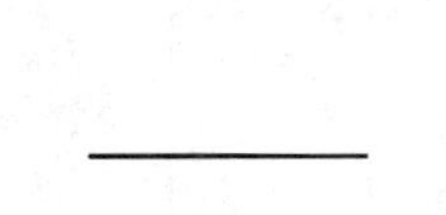 P　　　　　A	1	
气管	——	若干	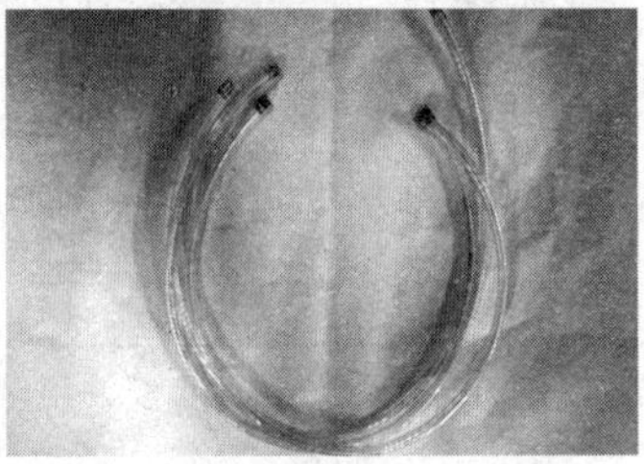
三通	⊥	若干	

5.1.4　相关知识

压装装置控制回路。

5.1.4.1　压装装置气动回路

压装装置气动回路如图 5-1-2 所示。

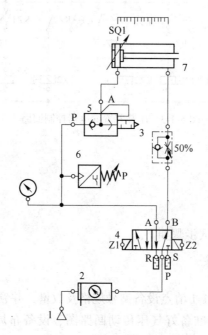

图 5-1-2　压装装置气动回路图

1—气源；2—气动三联件；3—单向节流阀；4—二位五通双电控换向阀；

5—快速排气阀；6—压力继电器；7—双作用单杆活塞气缸

本任务是看懂回路图并且在实验台上进行安装调试，观察执行元件运动方向何时发生变化。

调节三联件上压力表压力值为 0.2～0.4MPa 之间，调节单向节流阀节流开度。按下按钮 SB1，压装装置的气缸缓慢伸出，对物件进行压缩；当物件被压结实后，气缸负载快速上升，当气缸无杆腔进气压力持续上升，达到压力设定值时，停留 3s，结束压装，气缸快速退回。退回到固定位置后再次重复压装动作，如此往复循环，直至按下停止按钮 SB2，压装装置才停止工作，并恢复原始状态。

5.1.4.2　压装装置电气控制回路

压装装置继电器控制回路如图 5-1-3 所示。

电路分析：

（1）按下 SB1→KZ1 得电→电磁线圈 Z1 得电，气缸伸出。

（2）压装装置压力达到设定值，压力继电器闭合→时间继电器 T1 得电→3s 后电磁线圈 Z2 得电，电磁线圈 Z1 失电→气缸缩回。

（3）缩回碰到行程开关 SQ1→KZ1 得电→电磁线圈 Z1 得电，气缸再次伸出，重复动作。

（4）按下 SB2→KZ4 得电→KZ2 得电→Z2 得电，气缸缩回，恢复初始状态。

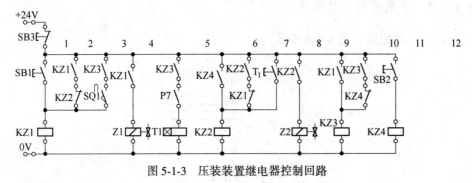

图 5-1-3　压装装置继电器控制回路

技能目标

5.1.5　工艺要求

方向控制回路安装与调试步骤如下。

5.1.5.1　准备工作

（1）设备清点。按表 5-1-1 清点设备型号规格及数量，并领取气压元件及相关工具。

（2）图样准备。施工前准备好气压传动回路图、设备布局图、继电器控制回路图，供作业时查阅。

压装装置气动回路布局图如图 5-1-4 所示。

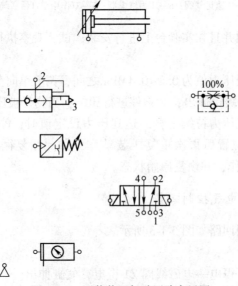

图 5-1-4　压装装置气动回路布局图

5.1.5.2　压装装置回路安装

（1）根据压装装置控制回路进行安装。如图 5-1-5 所示。

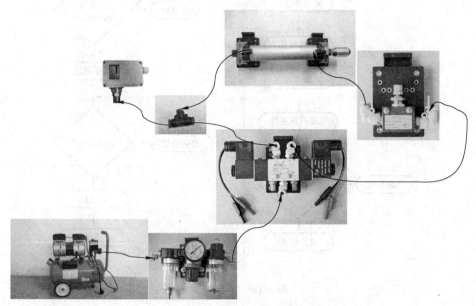

图 5-1-5　压装装置气动回路实物图

（2）气动回路检查。对照压装装置气动回路图检查气动回路的正确性、可靠性，严禁调试过程中出现气管脱落现象，确保安全。

5.1.5.3　设备调试

清扫设备后，在确认人身和设备安全的前提下进行调试。调试时要认真观察设备的动作情况，若出现问题，应立即切断电源，避免扩大故障范围，待调整、检修或解决后重新调试，直至设备完全实现功能。

5.1.5.4　现场清理

设备调试完毕，要求操作者清点工量具、归类整理资料，并清扫现场卫生。
（1）清点工量具。对照工量具清单清点工具，并按要求装入工具箱。
（2）资料整理。整理归类技术说明书、设备清单、控制回路图、设备布局图等资料。
（3）清扫设备周围卫生，保持环境整洁。

5.1.6　任务实施

5.1.6.1　安装调试压力控制回路

接到任务后，小组内先讨论实施方案，然后根据每一位成员的能力进行分工，在整个过程中，小组内要有良好的讨论氛围，每位成员都有任务，具体的实施步骤如图 5-1-6 所示。

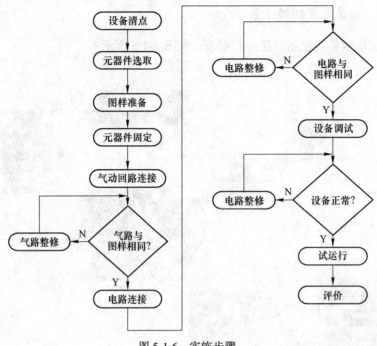

图 5-1-6　实施步骤

5.1.6.2　评价

表 5-1-2 为压装装置控制回路任务实施过程评价表。

表 5-1-2　压装装置控制回路任务实施过程评价表

验收项目	验收要求	配分标准	分值	扣分	得分
设备组装	1. 穿戴好劳保用品 2. 正确选取元器件 3. 设备部件安装正确，连接可靠 4. 气路连接正确 5. 电路连接正确	1. 劳保用品穿戴不规范扣5分 2. 领取元器件错误，错一个扣2分，扣完为止 3. 管路脱落一次扣2分，扣完为止 4. 错装一次管路扣2分 5. 气管漏气，气管过长，过短，每处扣2分 6. 连接电路，实现不了自锁，每处扣5分 7. 实现不了互锁的，每处扣5分	40		

验收项目	验收要求	配分标准	分值	扣分	得分
设备功能	1. 气缸活塞杆伸出正常 2. 气缸活塞杆缩回正常 3. 压力继电器闭合，气缸 3s 后换向 4. 按下复位按钮，气缸恢复初始状态 5. 按下启动按钮，气缸循环工作	1. 气缸活塞杆未按要求伸出，扣 10 分 2. 气缸活塞杆未按要求缩回，扣 10 分 3. 无延时效果，扣 10 分 4. 复位按钮没有实现复位效果，扣 10 分 5. 气缸不能循环重复工作，扣 10 分	40		
设备附件	1. 系统压力值在规定范围内 2. 资料齐全，归类有序	1. 未按要求调定系统压力值，扣 5 分 2. 未带图操作，扣 5 分	10		
安全生产	1. 自觉遵守安全文明生产规程 2. 保持现场干净整洁，工具摆放有序 3. 是否伤害到别人或者自己、物件是否掉地等不安全操作 4. 人离开工作台是否关电	1. 任务完成后未将元件物归原位，扣 10 分 2. 人离开工作台未清理现场，扣 5 分 3. 出现安全事故按 0 分处理	10		
总　　分					

搭档：　　　　　　　　　　任务耗时：

5.1.7　知识链接

5.1.7.1　压力继电器

压力控制器是一种将气压信号转换成电信号的元件，主要用于检测压力的大小或有无，并发出电信号给控制回路的功能。图 5-1-7 所示为压力控制器的实物图。

图 5-1-7　压力控制器的实物图

压力控制器主要由感受压力变化的压力敏感元件、压力调整装置和电气开关等组成。如图 5-1-8 所示，当高压气体进入 A 室后，膜片受压产生推力，推动圆盘和顶杆克服弹簧力向上移动，同时带动爪枢，使微动开关接通或断开。

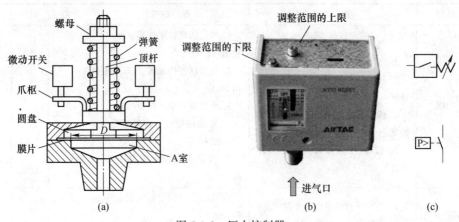

图 5-1-8　压力控制器

（a）结构图；（b）实物图；（c）图形符号

5.1.7.2　快速排气阀

快速排气阀，也称快排阀，它通过降低气缸排气腔的阻力，将空气迅速排出，以达到迅速提高气缸活塞杆运动速度的目的。图 5-1-9 所示为快速排气阀实物图。

图 5-1-9　快速排气阀实物图

当气流从进气口 P 流入时，气流作用下阀盘右移，排气口 R 口封闭，气流从工作口 A 口正常通过，快速排气阀处于正常供气状态，如图 5-1-10 所示。

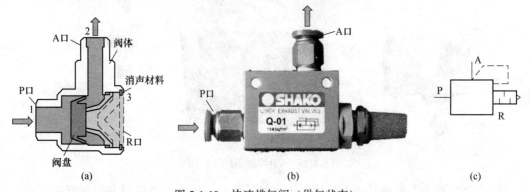

图 5-1-10　快速排气阀（供气状态）

（a）结构图（供气状态时）；（b）实物图（供气状态时）；（c）图形符号

若压缩空气从工作口 A 输入，阀盘便将 P 口封闭，空气从排气口 R 迅速排空，此时快速排气阀处于迅速排气状态，如图 5-1-11 所示。

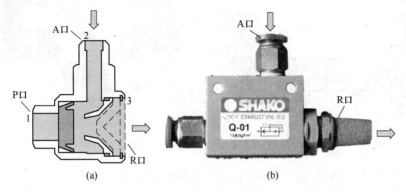

图 5-1-11 快速排气阀

（a）结构图（排气状态时）；（b）实物图（排气状态时）

5.1.7.3 二位五通双电控换向阀

先导式二位五通双电控换向阀是一种电磁力推动阀芯换向的气动控制元件。

当左侧的电磁线圈 Z1 得电，右侧的电磁线圈 Z2 失电时，压缩空气经左侧先导阀的进气口，作用于主阀阀芯的左端，推动阀芯右移，使 P 口与 A 口相通，B 口与 S 口相通，R 口关闭，如图 5-1-12 所示。

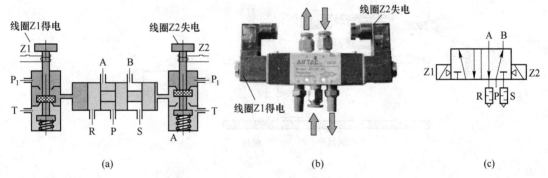

图 5-1-12 二位五通双电控换向阀（Z1 得电状态）

（a）结构图；（b）实物图；（c）图形符号

当电磁线圈 Z1 失电，电磁线圈 Z2 得电时，压缩空气经右侧先导阀的进气口，作用于主阀阀芯的右端，推动阀芯左移，从而切换气流通道，使 P 口与 B 口相通，A 口与 R 口相通，S 口关闭，如图 5-1-13 所示。

5.1.7.4 磁性开关

磁性开关是利用磁性物体的磁场作用实现对物体的感应，从而检测气缸活塞的位置。

当带磁环的气缸活塞移动到磁性开关所在的位置时，磁性开关的两个金属簧片在磁环磁场的作用下吸合，发出一电信号；当活塞移开时，舌簧开关离开磁场，触点自动脱开。磁性开关一般与磁性气缸配套使用，如图 5-1-14 所示。

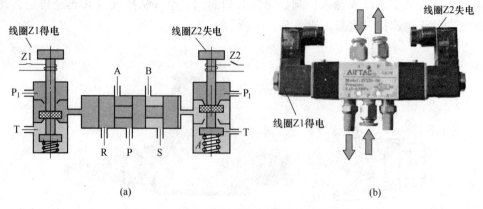

图 5-1-13　二位五通双电控换向阀（Z2 得电状态）

（a）结构图；（b）实物图

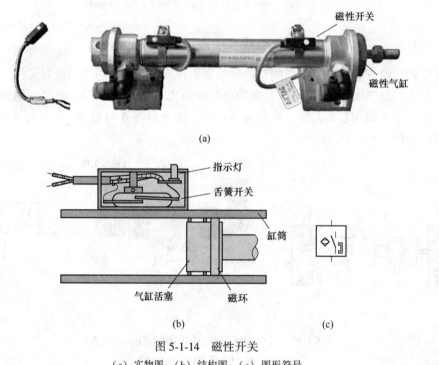

图 5-1-14　磁性开关

（a）实物图；（b）结构图；（c）图形符号

5.1.7.5　电感式接近开关

图 5-1-15 所示为部分电感式接近开关，它是一种利用位移传感器对接近物体的敏感特性来控制开关通或断的开关元件。

电感式接近开关由 LC 振荡电路、信号触发器和开关放大器等组成。振荡电路的线圈产生高频交变磁场，该磁场经传感器的感应面释放。当金属材料靠近感应面时，磁场会产生涡流损耗，这样 LC 振荡电路的能量将减少，振荡减弱。当信号触发器检测到这种减弱现象时，便将其转换为开关信号，控制开关的通与断。如图 5-1-16 所示。

图 5-1-15 电感式接近开关

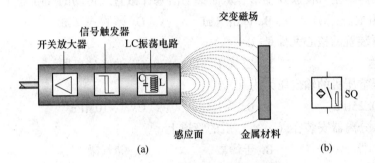

图 5-1-16 电感式接近开关
（a）工作示意图；（b）两线电感式接近开关符号

感式接近开关的分类较多，有两线、三线及四线等，有 NPN 型与 PNP 型等。两线接近开关的接线方式如图 5-1-17 所示，棕色线接电源正极，蓝色线接电源负极。

图 5-1-17 两线接近开关接线方式

5.1.8 知识检测

5.1.8.1 填空题

（1）快速排气阀，也称（   ）阀，它是通过降低（   ）的阻力，将空气迅速排出，以达到迅速提高气缸活塞杆运动速度的目的。

（2）（   ）是一种将气压信号转换成电信号的元件，主要用于检测压力的大小或有无，并发出电信号给控制回路。

（3）压力控制器主要由（   ）、（   ）和（   ）等组成。

（4）电感式接近开关是一种利用（   ）对接近物体的（   ）来控制开关通或断的开关元件。

（5）电感式接近开关的分类较多，有两线、三线及四线等，有（   ）型与

(   )型等。两线电感式接近开关的接线方式：棕色线接电源（   ），蓝色线接电源（   ）。

5.1.8.2 选择题

（1）以下不是储气罐的作用是（   ）。

A. 减少气源输出气流脉动

B. 进一步分离压缩空气中的水分和油分

C. 冷却压缩空气

（2）利用压缩空气使膜片变形，从而推动活塞杆做直线运动的气缸是（   ）。

A. 气液阻尼缸   B. 冲击气缸   C. 薄膜式气缸

（3）气源装置的核心元件是（   ）。

A. 气马达   B. 空气压缩机   C. 油水分离器

（4）低压空压机的输出压力为（   ）

A. 小于 0.2MPa   B. 0.2~1MPa   C. 1~10MPa

（5）油水分离器安装在（   ）后的管道上。

A. 后冷却器   B. 干燥器   C. 储气罐

（6）压缩空气站是气压系统的（   ）。

A. 辅助装置   B. 执行装置

C. 控制装置   D. 动力源装置

（7）下列气动元件是气动控制元件的是（   ）。

A. 气马达   B. 顺序阀   C. 空气压缩机

（8）气压传动中方向控制阀是用来（   ）。

A. 调节压力   B. 截止或导通气流   C. 调节执行元件的气流量

任务 5.2   方向控制回路

项目教学目标

知识目标：

（1）掌握气动换向阀的工作原理；

（2）掌握方向控制回路的特点和应用。

技能目标：

（1）能正确选用换向阀；

（2）能根据任务要求，设计和调试简单方向控制回路。

素质目标：

（1）遵守现场操作的职业规范，具备安全、整洁、规范实施工作任务的能力；

（2）具有良好的职业道德和职业责任感；

（3）具有资料检索能力、学习能力、表达能力、团队交流协作能力；

（4）具有不断开拓创新的意识。

知识目标

5.2.1　任务描述

气动平口钳的外形如图 5-2-1 所示，它是一种以气压为动力，通过气缸的活塞杆伸出，产生顶力夹紧零件的装置。气动平口钳的结构如图 5-2-2 所示，它由钳口、钳身、气管接头、换向阀、气缸等组成。通过气控换向阀改变气缸的气流通道，使活塞杆的移动方向发生改变，从而驱动钳口的夹紧与放松。

当气缸的无杆腔进气、有杆腔排气时，其活塞杆伸出，平口钳夹紧；当气缸的有杆腔进气、无杆腔排气时，其活塞杆缩回，平口钳放松。

图 5-2-1　气动平口钳实物图

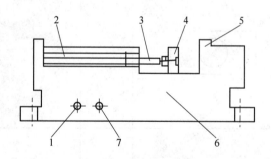

图 5-2-2　气动平口钳结构示意图

1—进气管接头；2—气缸；3—伸缩活塞杆；4—活动钳口；5—固定钳口；
6—平口钳身；7—出气管接头

5.2.2　任务分析

方向控制回路的作用是改变气压执行元件的运动方向，控制它的启动、停止。本任务通过安装简单的方向控制回路，掌握换向阀的应用特点；通过换向阀控制执行元件的运动方向，从而实现平口钳夹紧与放松的动作。

5.2.3　任务材料清单

任务材料清单见表 5-2-1。

表 5-2-1　器材清单

名　称	图形符号	数量	备　注
气动实训台		1	
空压机	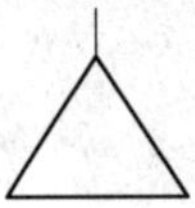 △	1	
气动三联件	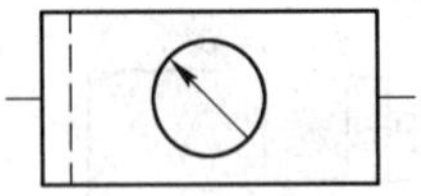	1	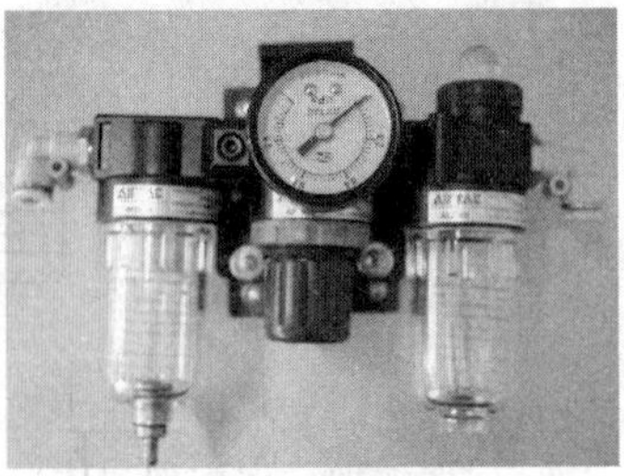
双作用单杆活塞气缸	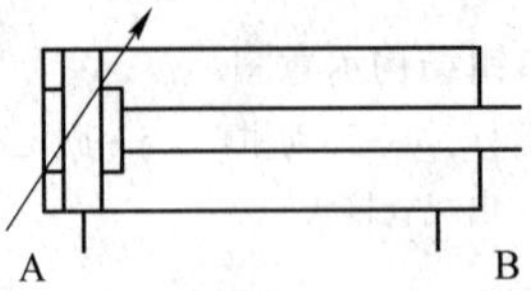 A　　　　　B	1	
手动换向阀	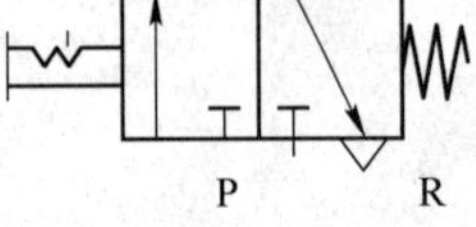 A P　　R	1	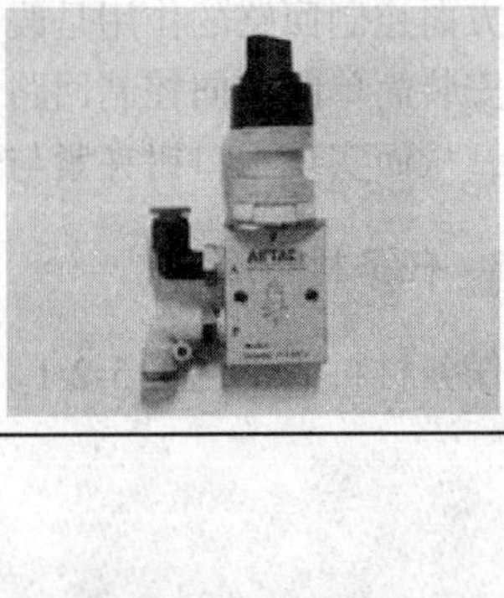

名称	图形符号	数量	备　注
二位五通 单气控换向阀		1	
单向节流阀		1	
气管	——————	若干	
三通		若干	

5.2.4　相关知识

图 5-2-3 所示为气动平口钳气动回路图。

本任务是看懂回路图，将元件的实物与图形符号对应起来，并且在实验台上进行安装调试，观察手动阀的打开与关闭对执行元件运动方向的影响。

技能目标

5.2.5　工艺要求

方向控制回路安装与调试步骤如下。

5.2.5.1　准备工作

（1）设备清点。按表 2-2-1 清点设备型号规格及数量，并领取气压元件及相关工具。

（2）图样准备。施工前准备好气压传动回路图、设备布局图，供作业时查阅。

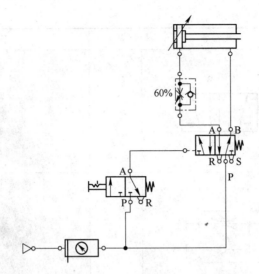

图 5-2-3 气动平口钳气动回路图

1—气源；2—气动三联件；3—手动换向阀；4—二位五通单气控换向阀；

5—单向节流阀；6—双作用单杆活塞气缸

5.2.5.2 气动平口钳回路安装

（1）根据气动平口钳方向控制回路进行安装。如图 5-2-4 和图 5-2-5 所示。

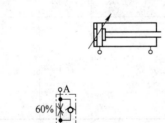

图 5-2-4 气动平口钳气动回路布局图

（2）气动回路检查。对照气动平口钳气动回路图检查气动回路的正确性、可靠性，严禁调试过程中出现气管脱落现象，确保安全。

5.2.5.3 设备调试

（1）调节三联件上压力表压力值为 0.2~0.4MPa 之间。

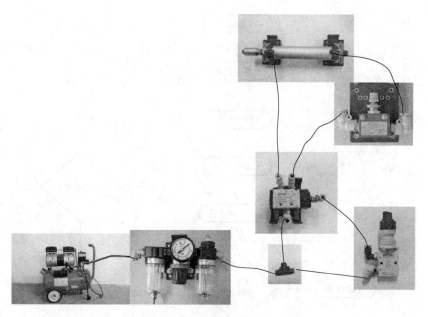

图 5-2-5　气动平口钳气动回路实物图

（2）打开手动阀，气动平口钳的气缸伸出，夹紧工件。

（3）关闭手动阀，气动平口钳的气缸立即缩回，放松工件。

（4）调节单向节流阀节流开度，实现气动平口钳缓慢夹紧工件的动作。

清扫设备后，在确认人身和设备安全的前提下进行调试。调试时要认真观察设备的动作情况，若出现问题，应立即切断电源，避免扩大故障范围，待调整、检修或解决后重新调试，直至设备完全实现功能。

5.2.5.4　现场清理

设备调试完毕，要求操作者清点工量具、归类整理资料，并清扫现场卫生。

（1）清点工量具。对照工量具清单清点工具，并按要求装入工具箱。

（2）资料整理。整理归类技术说明书、设备清单、控制回路图、设备布局图等资料。

（3）清扫设备周围卫生，保持环境整洁。

5.2.6　任务实施

5.2.6.1　安装调试方向控制回路

接到任务后，小组内先讨论实施方案，然后根据每一位成员的能力进行分工，在整个过程中，小组内要有良好的讨论氛围，每位成员都有任务，具体的实施步骤如图 5-2-6 所示。

5.2.6.2　评价

表 5-2-2 为方向控制回路任务实施评价表。

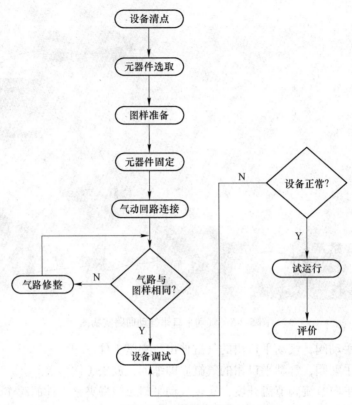

图 5-2-6 实施步骤

表 5-2-2 方向控制回路任务实施评价表

验收项目	验收要求	配分标准	分值	扣分	得分
设备组装	1. 穿戴好劳保用品 2. 正确选取元器件 3. 设备部件安装正确, 连接可靠 4. 气路连接正确	1. 劳保用品穿戴不规范扣10 分 2. 领取元器件错误, 错一个扣 5 分, 扣完为止 3. 管路脱落一次扣 2 分, 扣完为止 4. 错装一次管路扣 2 分 5. 气管漏气, 气管过长, 过短, 每处扣 2 分	20		
设备功能	1. 气缸活塞杆伸出正常 2. 气缸活塞杆缩回正常 3. 手动阀打开, 气缸换向 4. 手动阀关闭, 气缸换向 5. 气缸缓慢伸出	1. 气缸活塞杆未按要求伸出, 扣 20 分 2. 气缸活塞杆未按要求缩回, 扣 20 分 3. 气缸未有明显缓慢动作, 扣 10 分	50		
设备附件	1. 系统压力值在规定范围内 2. 资料齐全, 归类有序	1. 未按要求调定系统压力值, 扣 10 分 2. 未带图操作, 扣 10 分	20		

验收项目	验收要求	配分标准	分值	扣分	得分
安全生产	1. 自觉遵守安全文明生产规程 2. 保持现场干净整洁，工具摆放有序 3. 是否伤害到别人或者自己、物件是否掉地等不安全操作 4. 人离开工作台是否关电	1. 任务完成后未将元件物归原位，扣 10 分 2. 人离开工作台未清理现场，扣 5 分 3. 出现安全事故按 0 分处理	10		
总　　分					
搭档：　　　　　　　　　　任务耗时：					

5.2.7　知识链接

5.2.7.1　气源

产生和储存压缩空气的装置称为气源装置。如图 5-2-7 所示，气源装置一般由空气压缩机、后冷却器、油水分离器、储气罐、干燥器和过滤器等组成。其中空气压缩机是气源装置的主体部分，其作用是产生具有足够压力和流量的压缩空气，为气动系统提供气压源。

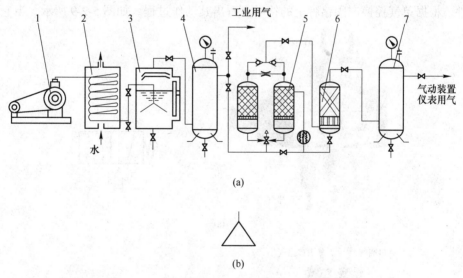

(a)

(b)

图 5-2-7　气源装置

(a) 气源外形图；(b) 图形符号

1—空气压缩机；2—后冷却器；3—油水分离器；4，7—储气罐；5—干燥器；6—过滤器

5.2.7.2　三联件

在实际应用中，通常在气动系统的前面安装气源调节装置，提高气源质量，以满足气动元件对气源质量的要求，而气动三联件就是其中的一种。

由空气过滤器、减压阀和油雾器一起组成的气源调节装置，称为气动三联件，其外形与符号如图 5-2-8 所示。压缩空气流过三联件的顺序依次为空气过滤器→减压阀→油雾器，且不能颠倒。这是因为减压阀内部有阻尼小孔和喷嘴，这些小孔容易被杂质堵塞，造成减压阀失灵，故进入减压阀的空气要先通过空气过滤器进行过滤。

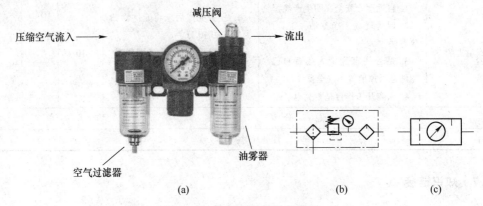

(a)　　　　　　　　　　　　　　　(b)　　　　　(c)

图 5-2-8　气动三联件及其符号

（a）实物图；（b）详细符号；（c）简略符号

5.2.7.3　二位五通单（双）气控换向阀

（1）二位五通单气控换向阀。是一种利用气体压力使阀芯移动，实现换向的气动控制元件。根据单气控换向阀铭牌上的符号可看出其动作过程。如图 5-2-9 所示，当它的控

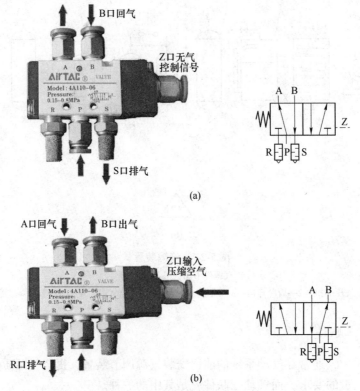

(a)

(b)

图 5-2-9　二位五通单气控换向阀

（a）常态；（b）驱动状态

制口无气控信号时，换向阀在弹簧力的作用下处于常态位置，进气口 P 与工作口 A 相通；工作口 B 与排气口 S 相通；当控制口 Z 有气控信号时，进气口 P 与工作口 B 相通，工作口 A 与排气口 R 相通。

（2）二位五通双气控换向阀。它是一种以压缩空气为动力推动阀芯移动，产生气路切换的换向阀。当双气控换向阀的控制口 Y 有气控信号输入，Z 口无气控信号输入时，气压作用于阀芯的左端，推动阀芯右移，P 口与 A 口相通；B 口与 S 口相通；同样，如图 5-2-10 所示，当控制口 Z 有气控信号输入，Y 口无气控信号输入时，气压作用于阀芯的右端，推动阀芯左移，P 口与 B 口相通，A 口与 R 口相通；当 Y 口、Z 口均无气控信号时，换向阀保持当前状态。

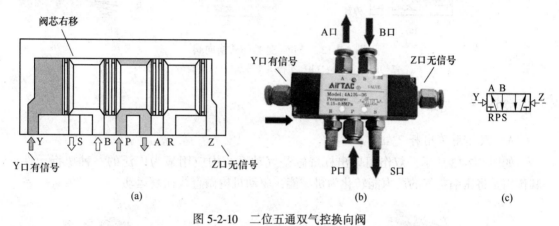

图 5-2-10　二位五通双气控换向阀
（a）结构图；（b）实物图；（c）符号

5.2.7.4　手动换向阀

如图 5-2-11 所示，二位三通机械换向阀是一种利用机动（行程挡块）或手动（人力）使阀产生切换动作的气动控制元件。

图 5-2-11　二位三通机械换向阀实物图

二位三通手动换向阀是一种通过手动控制的机械换向阀。如图 5-2-12 所示，常态下，手动换向阀的弹簧将阀芯压在阀座上，进气口 1（P）封闭、工作口 2（A）与排气口 3（R）相通；如图 5-2-12 所示，当按下控制按钮后，阀芯向下移动，阀芯与阀座分离，进气口 1（P）与工作口 2（A）相通、排气口 3（R）封闭。

图 5-2-12　二位三通按钮式换向阀

（a）结构图（常态）；（b）实物图（常态）；（c）符号（常态）

5.2.7.5　气缸

A　双作用单出杆气缸

如图 5-2-13 所示，双作用单出杆气缸是气动系统中应用最为广泛的一种执行元件，其作用是将压缩空气的压力能转化为机械能，驱动机构做直线往复运动。

图 5-2-13　双作用单杆活塞气缸

如图 5-2-14 所示，双作用单出杆气缸主要由活塞杆、活塞、前缸盖、后缸盖、密封圈及缸体等组成。活塞的两侧装有缓冲柱塞，缸盖上装有缓冲套。当气缸运动到端部时，缓冲柱塞进入缓冲套，气缸排气需经缓冲节流，排气阻力增加，产生气压，形成缓冲气整，起到缓冲作用。具有双侧缓冲功能。

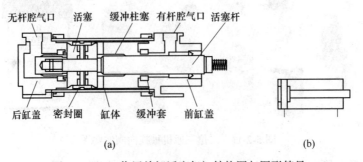

图 5-2-14　双作用单杆活塞气缸结构图与图形符号

（a）结构图；（b）图形符号

如图 5-2-15 所示，双作用气缸由两个气口交替执行供气和排气任务，气缸在气源的作用下，做双向往复运动。当气缸的无杆腔气口进气，有杆腔气口排气时，气缸的活塞杆伸出；而当气缸的有杆腔气口进气，无杆腔气口排气时，气缸的活塞杆缩回。值得注意的是对于气缸而言，必须其中一个气口进气，另一个气口排气，其活塞杆才会产生的移动。

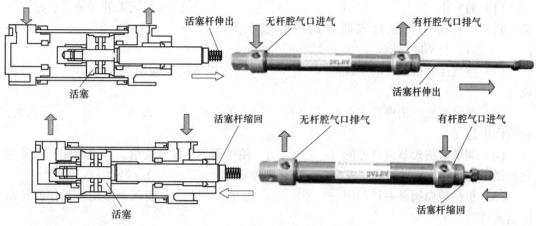

图 5-2-15 双作用单杆活塞气缸伸缩

B 单作用单出杆气缸

图 5-2-16 所示为单作用气缸，其结构主要由活塞杆、进气口、排气口、活塞及复位弹簧等组成，较多应用在夹紧装置中。

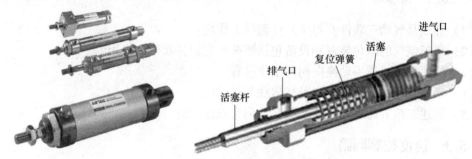

图 5-2-16 单作用单杆活塞气缸

如图 5-2-17 所示，压缩空气由进气口进入无杆腔，克服弹簧力，推动活塞向上移动，活塞杆伸出；当无杆腔内的压缩空气通过进气口排出时，活塞在弹簧力的作用下缩回至原位。它的排气口始终与大气相通。

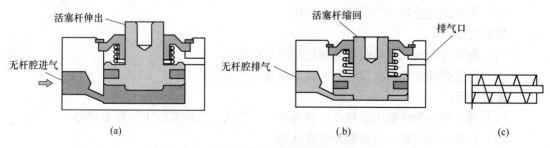

| (a) | (b) | (c) |

图 5-2-17 单作用单杆活塞气缸伸缩
（a）活塞杆伸出；（b）活塞杆缩回；（c）图形符号

5.2.8　知识检测

5.2.8.1　填空题

（1）通常由（　　　　）、（　　　　）、（　　　　）组成的气源处理装置，称为气动三联件。压缩空气流过三联件的顺序依次为（　　　　）→（　　　　）→（　　　　），且不能颠倒。

（2）空气压缩机是气动系统的（　　　　），它把电动机输出的（　　　　）转换成（　　　　）输送（　　　　）。

（3）气动系统中消声器主要有（　　　　）、（　　　　）及（　　　　）三大类，它的作用是（　　　　）。

（4）调节节流阀节流口处的（　　　　），便可调节其排气流量。节流阀配有调节位置的锁定机构，当流量调节完成后，应将调节位置用（　　　　）锁定。

（5）机械换向阀是一种利用（　　　　）或（　　　　）使阀产生切换动作的气动控制元件。

（6）气动系统由（　　　　）、执行元件、（　　　　）、（　　　　）和介质组成。

（7）双作用单出杆气缸是气动系统中应用最为广泛的一种（　　　　），其作用是将压缩空气的（　　　　）能转化为（　　　　），驱动机构做（　　　　）运动。

5.2.8.2　简答题

（1）什么是气动三联件？每个元件起什么作用？
（2）压缩空气的净化装置和设备包括哪些？它们各起什么作用？
（3）简述二位三通手动换向阀的工作过程。
（4）简述双作用单出杆气缸是如何往复运动的。
（5）简述二位五通单气控换向阀是如何实现换向的。

任务 5.3　速度控制回路

项目教学目标

知识目标：
（1）掌握节流阀与单向节流阀的工作原理；
（2）掌握速度控制回路的特点和应用。

技能目标：
（1）能区分节流阀与单向节流阀的功能与作用；
（2）能根据任务要求，设计和调试简单速度控制回路。

素质目标：
（1）遵守现场操作的职业规范，具备安全、整洁、规范实施工作任务的能力；
（2）具有良好的职业道德和职业责任感；
（3）具有资料检索能力、学习能力、表达能力、团队交流协作能力；

（4）具有不断开拓创新的意识。

知识目标

5.3.1 任务描述

任何一种执行元件都有速度要求，在液气压传动系统中，是通过各种调速回路来实现，气动系统调速主要是节流调速。气缸活塞运动速度可采用进气节流调速和排气节流调速来进行控制。实际生产中，大多数采用排气节流调速方法，这是因为排气节流调速能形成背压，使运动比较平稳。

将单向节流阀以不同的方式接入气路当中，对比这些气动回路效果的差异。

图 5-3-1 所示为节流阀和单向阀图形符号。

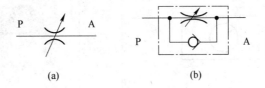

(a)   (b)

图 5-3-1 节流阀和单向阀图形符号
（a）节流阀图形符号；（b）单向节流阀图形符号

5.3.2 任务分析

利用单向节流阀搭建 4 个相近的速度控制回路，观察分析单向节流阀的安装方式及位置不同回路效果的差异，掌握单向节流阀的应用特点，通过单向节流阀控制执行元件的运动速度。

5.3.3 任务材料清单

任务材料清单见表 5-3-1。

表 5-3-1 器材清单

名称	型号	数量	备 注
气动实训台		1	

名称	型号	数量	备　注
空压机	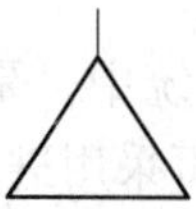	1	
气动三联件	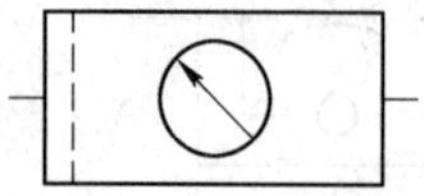	1	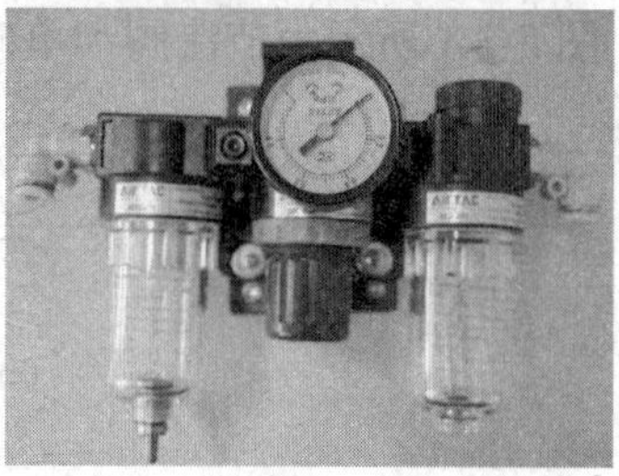
单作用单杆活塞气缸	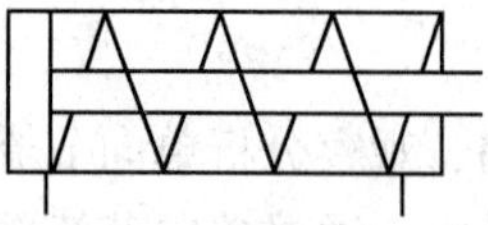	1	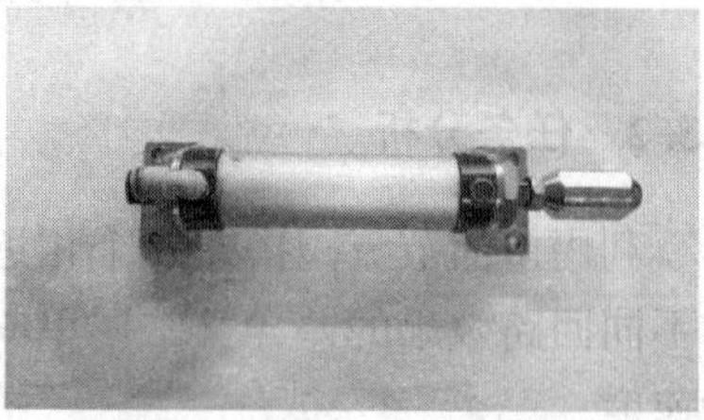
双作用单杆活塞气缸	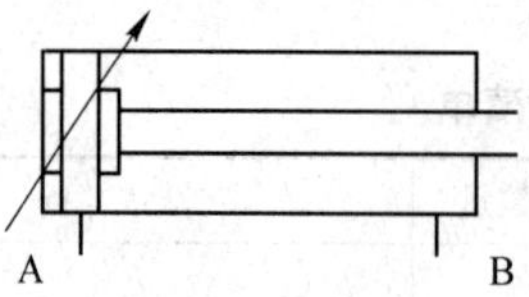 A　　　　　　　B	1	
手动换向阀	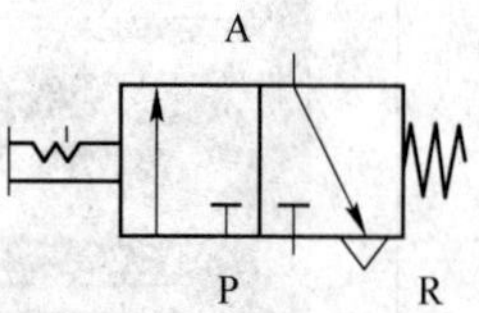 A　　P　　R	1	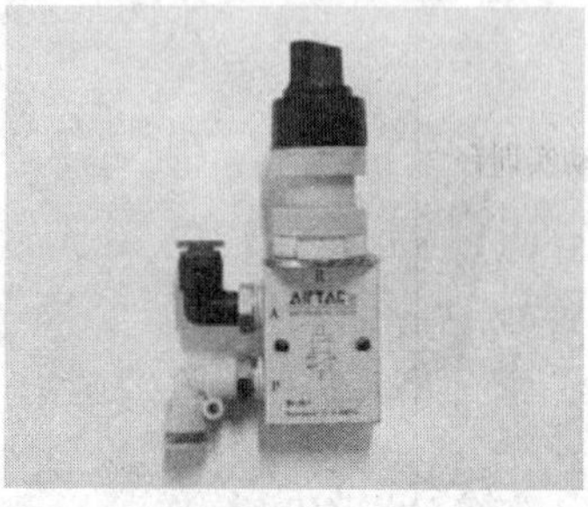

续表 5-3-1

名称	型号	数量	备　注
单向节流阀	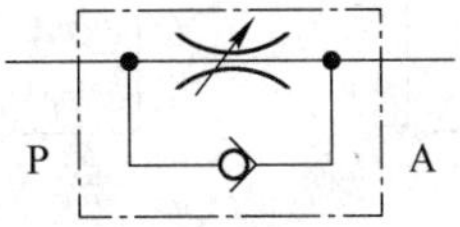	若干	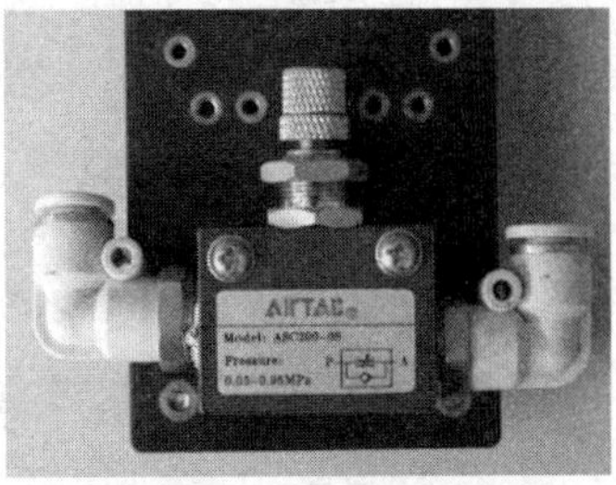
二位五通单气控换向阀	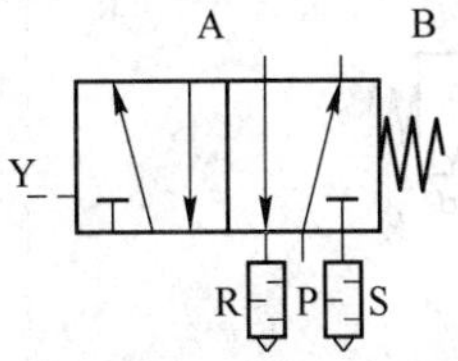	1	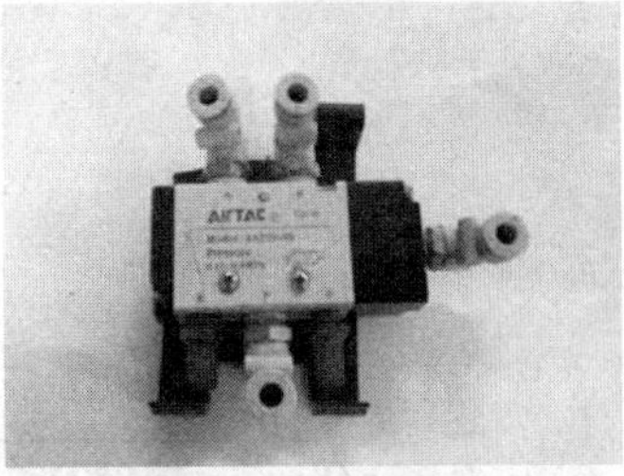
气管	——	若干	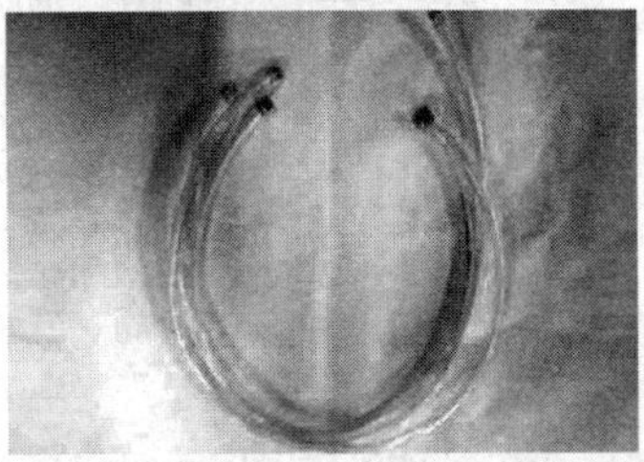
三通	⊥	若干	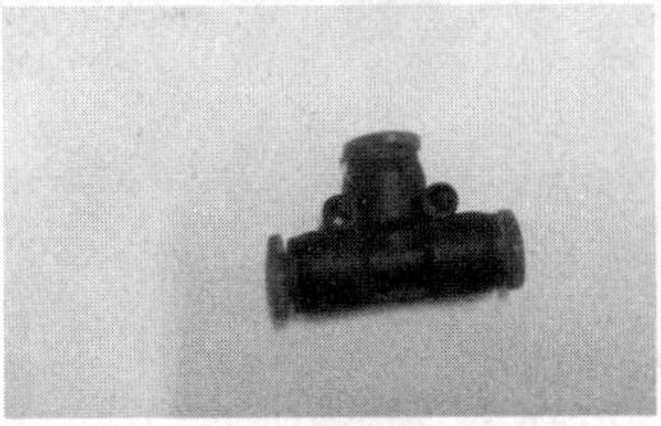

5.3.4 相关知识

5.3.4.1 双作用单杆活塞气缸实现调速动作

（1）调节气缸无杆腔的进气流量，实现气缸活塞杆缓慢伸出，快速收回。如图 5-3-2 所示。

（2）调节气缸无杆腔的排气流量，实现气缸活塞杆快速伸出，缓慢收回。如图 5-3-3 所示。

（3）调节气缸有杆腔的排气流量，实现气缸活塞杆缓慢伸出，快速收回。如图 5-3-4 所示。

（4）调节气缸有杆腔的进气流量，实现气缸活塞杆快速伸出，缓慢收回。如图 5-3-5 所示。

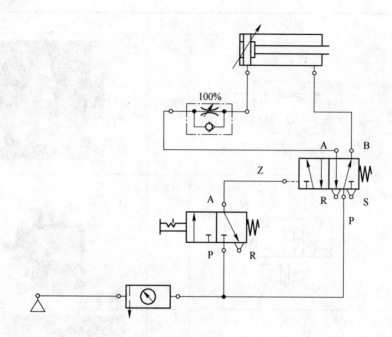

图 5-3-2　速度控制回路 1

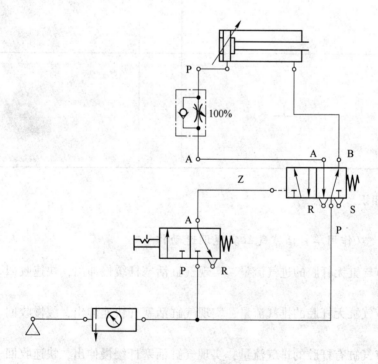

图 5-3-3　速度控制回路 2

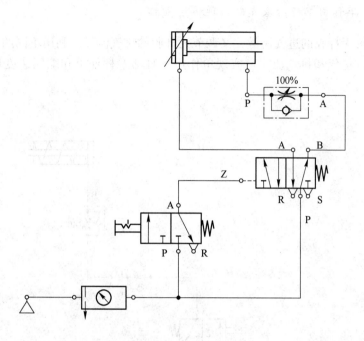

图 5-3-4 速度控制回路 3

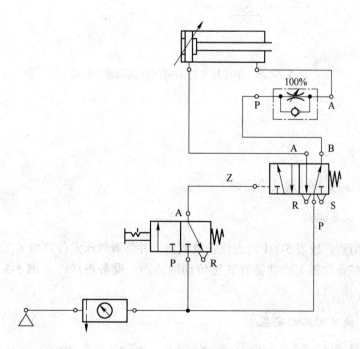

图 5-3-5 速度控制回路 4

5.3.4.2 单作用单杆活塞气缸实现调速动作

既调节气缸无杆腔的进气流量，又调节无杆腔的排气流量。利用不同的单向节流阀调节气缸相同侧的进气和排气流量。实现单作用气缸活塞杆伸出和缩回速度均可调。如图 5-3-6 所示。

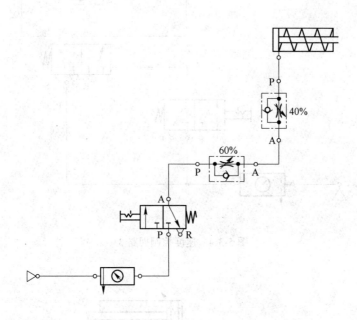

图 5-3-6 单作用单杆活塞气缸的调速回路图

技能目标

5.3.5 工艺要求

方向控制回路安装与调试步骤如下。

5.3.5.1 准备工作

（1）设备清点。按表 5-3-1 清点设备及数量，并领取气压元件及相关工具。

（2）图样准备。施工前准备好气压传动回路图、设备布局图（图 5-3-7、图 5-3-8），供作业时查阅。

5.3.5.2 调速回路的安装

（1）根据任务提供的速度控制回路进行安装。如图 5-3-9、图 5-3-10 所示。

（2）气动回路检查。对照气动回路图检查气动回路的正确性、可靠性，严禁调试过程中出现气管脱落现象，确保安全。

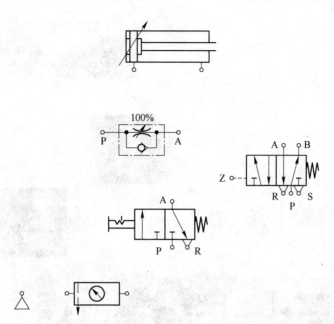

图 5-3-7　双作用单杆活塞气缸调速回路布局图

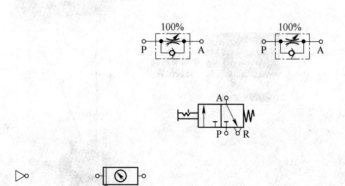

图 5-3-8　单作用单杆活塞气缸调速回路布局图

5.3.5.3　设备调试

（1）将单向节流阀置于双作用气缸无杆腔一端，气路由单向节流阀的 P 口接入，A 口流出接入气缸无杆腔。

（2）将单向节流阀置于双作用气缸无杆腔一端，气路由无杆腔气孔排气到单向节流阀的 P 口，由 A 口流出。

（3）将单向节流阀置于双作用气缸有杆腔一端，气路由单向节流阀的 P 口接入，A

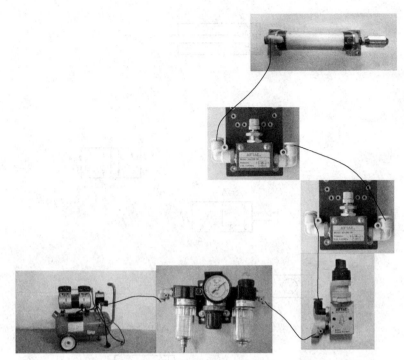

图 5-3-9　单作用单杆活塞气缸调速回路实物图

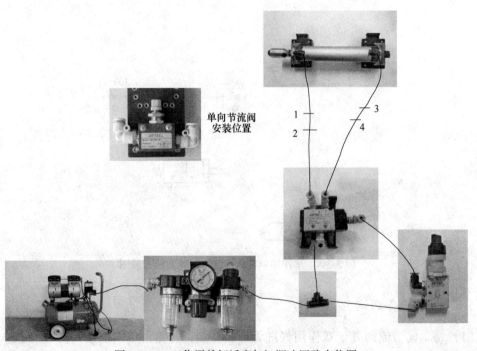

图 5-3-10　双作用单杆活塞气缸调速回路实物图

口流出接入气缸有杆腔。

（4）将单向节流阀置于双作用气缸有杆腔一端，气路由有杆腔气孔排气到单向节流阀的 P 口，由 A 口流出。

（5）将两个单向节流阀置于单作用气缸有杆腔一端，一个单向阀负责进气节流，另一个单向阀负责排气节流，将两个单向节流阀上的调节旋钮调至不同状态，观察气缸伸缩速度的差别。

清扫设备后，在确认人身和设备安全的前提下进行调试。调试时要认真观察设备的动作情况，若出现问题，应立即切断电源，避免扩大故障范围，待调整、检修或解决后重新调试，直至设备完全实现功能。

5.3.5.4　现场清理

设备调试完毕，要求操作者清点工量具、归类整理资料，并清扫现场卫生。
（1）清点工量具。对照工量具清单清点工具，并按要求装入工具箱。
（2）资料整理。整理归类技术说明书、设备清单、控制回路图、设备布局图等资料。
（3）清扫设备周围卫生，保持环境整洁。

5.3.6　任务实施

（1）安装调试速度控制回路。接到任务后，小组内先讨论实施方案，然后根据每一位成员的能力进行分工，在整个过程中，小组内要有良好的讨论氛围，每位成员都有任务，具体的实施步骤如图 5-2-6 所示。

（2）记录各个速度控制回路的现象，进行对比分析和总结，充分理解单向节流阀的工作原理及工作特点。

（3）评价。表 5-3-2 为速度控制回路任务实施评价表。

表 5-3-2　速度控制回路任务实施评价表

验收项目	验收要求	配分标准	分值	扣分	得分
设备组装	1. 穿戴好劳保用品 2. 正确选取元器件 3. 设备部件安装正确，连接可靠 4. 气路连接正确	1. 劳保用品穿戴不规范扣10分 2. 领取元器件错误，错一个扣5分，扣完为止 3. 管路脱落一次扣2分，扣完为止 4. 错装一次管路扣2分 5. 气管漏气，气管过长、过短，每处扣2分	20		
设备功能	1. 气缸活塞杆伸出正常 2. 气缸活塞杆缩回正常 3. 手动阀打开，气缸换向 4. 手动阀关闭，气缸换向 5. 气缸规定方向缓慢动作	1. 气缸活塞杆未按要求伸出，扣20分 2. 气缸活塞杆未按要求缩回，扣20分 3. 气缸未有明显缓慢动作，扣10分	50		
设备附件	1. 系统压力值在规定范围内 2. 资料齐全，归类有序	1. 未按要求调定系统压力值，扣10分 2. 未带图操作，扣10分	20		

续表 5-3-2

验收项目	验收要求	配分标准	分值	扣分	得分
安全生产	1. 自觉遵守安全文明生产规程 2. 保持现场干净整洁，工具摆放有序 3. 是否伤害到别人或者自己；物件是否掉地等不安全操作 4. 人离开工作台是否关电	1. 任务完成后未将元件物归原位，扣 10 分 2. 人离开工作台未清理现场，扣 5 分 3. 出现安全事故按 0 分处理	10		
	总　　分				

搭档：　　　　　　　　　　　　任务耗时：

5.3.7　知识链接

5.3.7.1　节流阀

如图 5-3-11 所示节流阀节流口处的流通面积，便可调节其排气流量。节流阀配有调节位置的锁定机构，当流量调节完成后，应将其调节位置用锁紧螺母锁定。

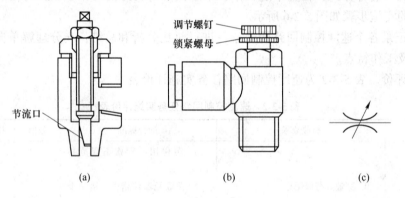

（a）　　　　　　　　　　（b）　　　　　　　　　（c）

图 5-3-11　节流阀

（a）结构图；（b）实物图；（c）图形符号

5.3.7.2　单向节流阀

单向节流阀，它是由单向阀和节流阀并联而成的，节流阀只能在一个方向上起流量控制作用，相反方向的气流可以通过单向阀自由流通。压缩空气从单向节流阀的 P 口进入左腔时，单向密封圈被压在阀体上，调节螺钉调整节流口的大小，空气便经过节流口流入右腔，由 A 口输出，此调整可起到调节流量的作用。当压缩空气从单向节流阀的 A 口进入右腔时，单向密封圈在空气压力作用下向上翘起，使得空气无需通过节流口，如图 5-3-12所示。直接进入左腔由 P 口输出。单向节流阀的调节螺钉下方还装有锁紧螺母，用于流量调节后锁定。

5.3.7.3　双压阀

图 5-3-13 所示，双压阀是单向阀的派生阀，具有"与"逻辑功能，其逻辑含义是只

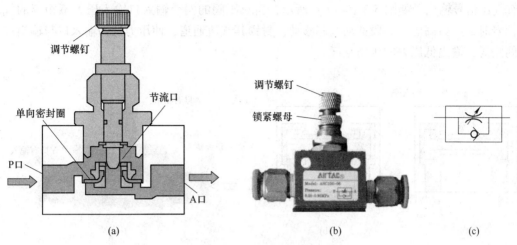

图 5-3-12 单向节流阀
(a) 结构图；(b) 实物图；(c) 图形符号

有当它的两个输入口同时输入气控信号时输出口才有信号输出。它主要用于互锁控制、安全控制及截止控制等场合。

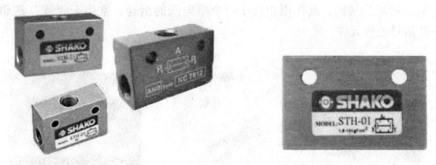

图 5-3-13 双压阀实物

如图 5-3-14 所示，双压阀有两个输入控制口（X 和 Y）和一个信号输出口（A）。当双压阀的输入口仅有一个有气控信号时，压缩空气将推动阀芯，封锁其气流通道，使输出口 A 没有压缩空气输出。

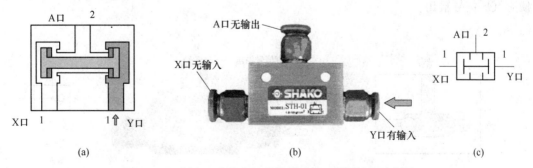

图 5-3-14 只有一个输入口有信号时的双压阀结构示意图
(c) 结构图；(b) 实物图；(c) 图形符号

如图 5-3-15 (a) 所示，当双压阀的两个输入口输入压力相等的气控信号时，输出口

A 有气压信号输出。如图 5-3-15（b）所示，当双压阀的两个输入口输入压力不相等的气控信号时，压力高的那一段推动阀芯移动，封锁其气流通道，使压力低的输入口与输出口之间相通，输出低压力的压缩空气。

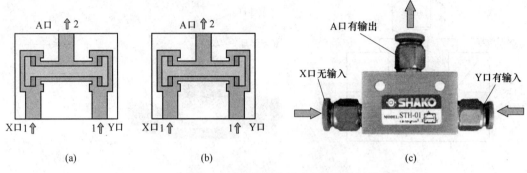

图 5-3-15 两个输入口同时输入信号时的双压阀结构示意图

（a）气压相等；（b）气压不等；（c）实物图

5.3.7.4 梭阀

图 5-3-16 所示为梭阀，其作用相当于两个单向阀的组合，常用于"或"逻辑控制回路，是一种信号处理元件。

图 5-3-16 梭阀实物

如图 5-3-17 所示，梭阀有两个输入口、一个输出口，阀芯在两个方向上起单向阀的作用。当 X 口输入气压信号时，阀芯向右侧移动，将 Y 口切断，A 口与 X 口相通，A 口便有气压信号输出。

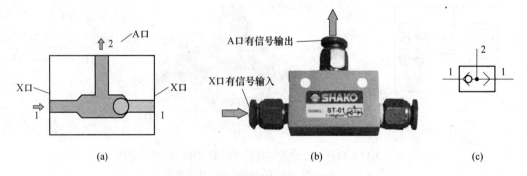

图 5-3-17 X 口输入信号时的梭阀结构示意图及其符号

（a）结构图；（b）实物图；（c）图形符号

　　如图 5-3-18 所示，当梭阀的 Y 口输入气压信号时，阀芯向左侧移动，将 X 口切断，A 口与 Y 口相通，A 口便有气压信号输出。

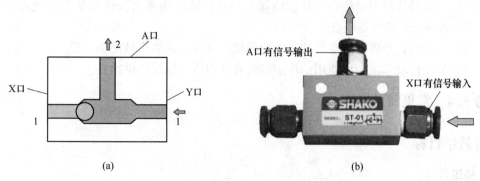

图 5-3-18　Y 口输入信号时的梭阀结构示意图及其符号

(a) 结构图；(b) 实物图

5.3.8　知识检测

5.3.8.1　填空题

　　(1) 单向节流阀是由 (　　　　) 阀和 (　　　　) 阀并联而成的，节流阀只能在 (　　　　) 个方向上起流量控制作用，相反方向的气流可以通过 (　　　　) 阀自由流通。

　　(2) 排气节流方式通过调节 (　　　　) 的开度，能产生一定的 (　　　　) 作用，起到运动稳定和缓冲保护气缸的作用。

　　(3) 在速度控制回路中，常用 (　　　　) 节流和 (　　　　) 节流两种方式来控制执行元件的速度。所谓 (　　　　) 节流控制是指单向节流阀对气缸的进气进行节流；所谓 (　　　　) 节流控制是指对压缩空气的排放进行节流的控制，大多数场合采用 (　　　　) 节流的方式。

　　(4) 双压阀是 (　　　　) 的派生阀，具有 (　　　　) 逻辑功能，其逻辑含义是只有当它的两个输入口同时输入气控信号时，输出口才有信号输出。它主要用于 (　　　　) 控制、安全控制及 (　　　　) 控制等场合。

　　(5) 梭阀相当于两个 (　　　　) 的组合，常用于 (　　　　) 逻辑控制回路，是一种信号处理元件。

5.3.8.2　判断题 (正确的打 "√"，错误的打 "×")

　　(1) 气动流量控制阀主要有节流阀，单向节流阀和排气节流阀等。都是通过改变控制阀的通流面积来实现流量控制的元件。　　　　　　　　　　　　　　　　　(　　　)

　　(2) 气源管道的管径大小是根据压缩空气的最大流量和允许的最大压力损失决定的。
　　　　　　　　　　　　　　　　　　　　　　　　　　　　　　　　　　　(　　　)

　　(3) 大多数情况下，气动三大件组合使用，其安装次序依进气方向为空气过滤器、后冷却器和油雾器。　　　　　　　　　　　　　　　　　　　　　　　　　(　　　)

(4) 空气过滤器又名分水滤气器、空气滤清器，它的作用是滤除压缩空气中的水分、油滴及杂质，以达到气动系统所要求的净化程度，它属于二次过滤器。（　　）

(5) 气动马达的突出特点是具有防爆、高速、输出功率大、耗气量小等优点，但也有噪声大和易产生振动等缺点。（　　）

(6) 气动马达是将压缩空气的压力能转换成直线运动的机械能的装置。（　　）

(7) 气压传动系统中所使用的压缩空气直接由空气压缩机供给。（　　）

任务 5.4　常见气动回路

项目教学目标

知识目标：

(1) 熟练掌握各种气动元件的工作原理；

(2) 掌握方向控制回路、压力控制回路、流量控制回路的特点和应用。

技能目标：

(1) 能根据典型的设备工作过程设计并调试出正确的气动回路；

(2) 可以检查出设备的故障并具备一定的维修能力。

素质目标：

(1) 遵守现场操作的职业规范，具备安全、整洁、规范实施工作任务的能力；

(2) 具有良好的职业道德和职业责任感；

(3) 具有资料检索能力、学习能力、表达能力、团队交流协作能力；

(4) 具有不断开拓创新的意识。

知识目标

5.4.1　任务一描述

自动生产线送料装置结构如图 5-4-1 所示，主要由推料气缸、料仓等组成。当按下起动按钮后，推料气缸活塞杆伸出，将底层的第一个物料推出料仓（此时第二个物料由设备的夹紧装置将其夹紧，使其他物料不会下落），当物料被推到指定位置 1s 后，推料气缸活塞杆快速返回（同时夹紧装置放松，料仓中的物料自然下落），当返回到位后，推料气缸再次伸出，重复相同的工作。

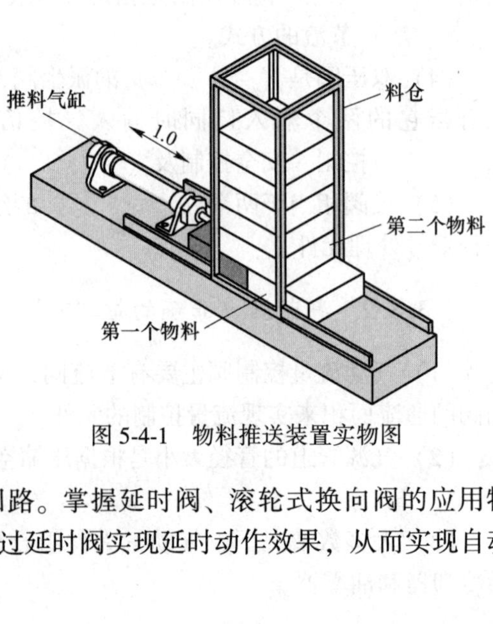

图 5-4-1　物料推送装置实物图

5.4.2　任务分析

根据推送装置的动作过程设计方向控制回路。掌握延时阀、滚轮式换向阀的应用特点，通过换向阀控制执行元件的运动方向，通过延时阀实现延时动作效果，从而实现自动化物料推送装置的动作。

5.4.3　任务材料清单

任务材料清单见表 5-4-1。

表 5-4-1　器材清单

名称	图形符号	数量	备　注
气动实训台		1	
空压机		1	
气动三联件		1	
双作用单杆活塞气缸	 A　　　　　B	1	

名称	图形符号	数量	备　　注
手动换向阀		1	
滚轮式换向阀		2	
二位五通单气控换向阀		1	
二位五通双气控换向阀		1	
单向节流阀		1	

名称	图形符号	数量	备　注
梭阀		1	
延时阀		1	
气管		若干	
三通		若干	

5.4.4　相关知识

5.4.4.1　纯气动控制回路图

图 5-4-2 所示为物料推送装置纯气动回路图。

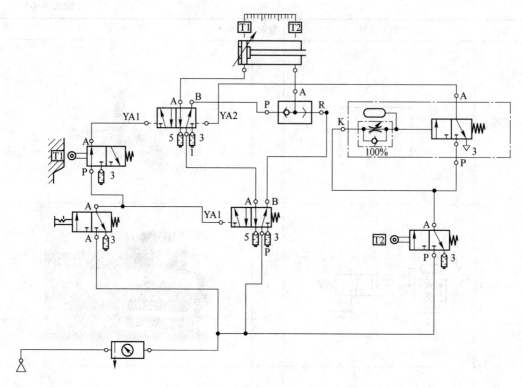

图 5-4-2　物料推送装置纯气动回路图

本任务是看懂回路图并且在实验台上进行安装调试，观察执行元件运动方向的变化。

5.4.4.2　继电器控制回路图

（1）气路。物料推送装置气动回路图如图 5-4-3 所示。

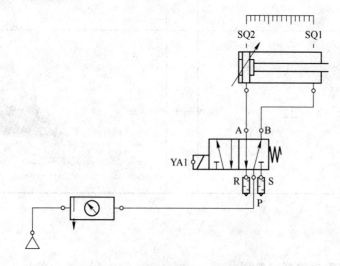

图 5-4-3　物料推送装置气动回路图

（2）电路。推送装置继电器控制回路图如图 5-4-4 所示。

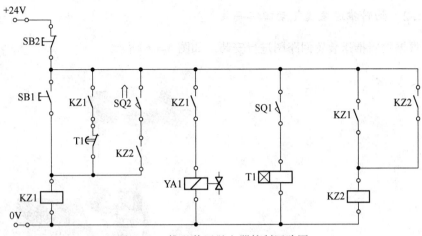

图 5-4-4 推送装置继电器控制回路图

技能目标

5.4.5 工艺要求

方向控制回路安装与调试步骤如下。

5.4.5.1 准备工作

（1）设备清点。按表 5-4-1 清点设备及数量，并领取气压元件及相关工具。

（2）图样准备。施工前准备好气压传动回路图（图 5-4-5）、设备布局图，供作业时查阅。

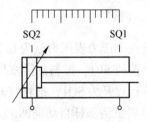

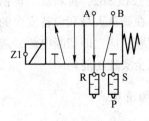

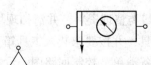

图 5-4-5 物料推送装置气动回路布局图

5.4.5.2　物料推送装置气动回路安装

（1）根据物料推送装置回路图进行安装。如图 5-4-6 所示。

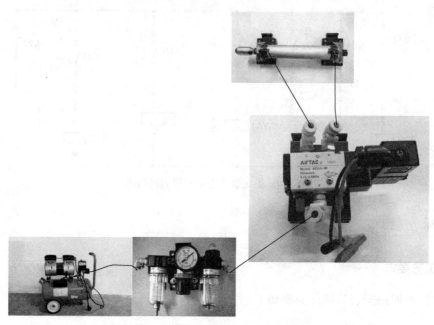

图 5-4-6　推送装置气动回路实物图

（2）气动回路检查。对照物料推送装置气动回路图检查气动回路的正确性、可靠性，严禁调试过程中出现气管脱落现象，确保安全。

5.4.5.3　设备调试

（1）调节三联件上压力表压力值为 0.2～0.4MPa 之间。
（2）按下启动按钮 SB1，推料缸活塞杆伸出。
（3）伸出按压行程开关 SQ1，推料缸开始停留，计时 1s。
（4）1s 后，推料缸活塞杆自动缩回。
（5）推料缸缩回压到行程开关 SQ2，活塞杆再次伸出，重复动作。
（6）按下复位按钮 SB2，推料缸立即恢复收回状态，并停止工作。

清扫设备后，在确认人身和设备安全的前提下进行调试。调试时要认真观察设备的动作情况，若出现问题，应立即切断电源，避免扩大故障范围，待调整、检修或解决后重新调试，直至设备完全实现功能。

5.4.5.4　现场清理

设备调试完毕，要求操作者清点工量具、归类整理资料，并清扫现场卫生。
（1）清点工量具。对照工量具清单清点工具，并按要求装入工具箱。
（2）资料整理。整理归类技术说明书、设备清单、控制回路图、设备布局图等资料。
（3）清扫设备周围卫生，保持环境整洁。

5.4.6 任务实施

5.4.6.1 安装调试方向控制回路

接到任务后，小组内先讨论实施方案，然后根据每一位成员的能力进行分工，在整个过程中，小组内要有良好的讨论氛围，每位成员都有任务，具体的实施步骤如图 5-4-7 所示。

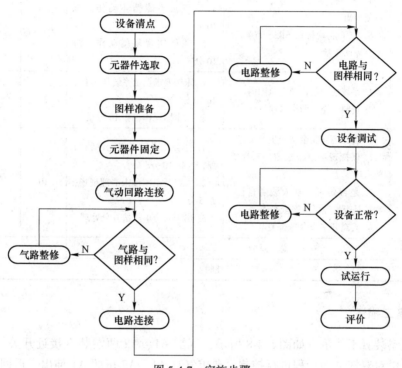

图 5-4-7 实施步骤

5.4.6.2 评价

表 5-4-2 为方向控制回路任务实施评价表。

表 5-4-2 方向控制回路任务实施评价表

验收项目	验收要求	配分标准	分值	扣分	得分
设备组装	1. 穿戴好劳保用品 2. 正确选取元器件 3. 设备部件安装正确，连接可靠 4. 气路连接正确	1. 劳保用品穿戴不规范扣10 分 2. 领取元器件错误，错一个扣 5 分，扣完为止 3. 管路脱落一次扣 2 分，扣完为止 4. 错装一次管路扣 2 分 5. 气管漏气，气管过长、过短，每处扣 2 分	20		

续表 5-4-2

验收项目	验收要求	配分标准	分值	扣分	得分
设备功能	1. 按下点动按钮 SB1, 气缸活塞杆伸出正常 2. 压下行程开关 SQ1, 气缸活塞杆缩回正常 3. 气缸可延时 1s 收回 4. 压下行程开关 SQ2, 气缸可重复伸出 5. 按下点动按钮 SB2, 气缸活塞杆缩回正常	1. 气缸活塞杆未按要求伸出, 扣 10 分 2. 气缸活塞杆未按要求缩回, 扣 10 分 3. 气缸未有明显延时, 扣 10 分 4. 气缸不能循环动作, 扣 10 分 5. 未能实现复位动作, 扣 10 分	50		
设备附件	1. 系统压力值在规定范围内 2. 资料齐全, 归类有序	1. 未按要求调定系统压力值, 扣 10 分 2. 未带图操作, 扣 10 分	20		
安全生产	1. 自觉遵守安全文明生产规程 2. 保持现场干净整洁, 工具摆放有序 3. 是否伤害到别人或者自己、物件是否掉地等不安全操作 4. 人离开工作台是否关电	1. 任务完成后未将元件物归原位, 扣 10 分 2. 人离开工作台未清理现场, 扣 5 分 3. 出现安全事故按 0 分处理	10		
总　　分					

搭档：　　　　　　　　　　任务耗时：

5.4.7　任务二描述

双缸送料装置工作示意如图 5-4-8 所示, 气缸 A1、A2 两端装有接近开关, 用作位置检测元件, 以对双气缸的行程进行控制。要求气缸 A1、A2 按照 A1 伸出、返回, 然后 A2 伸出、返回的顺序做多次往复运动。

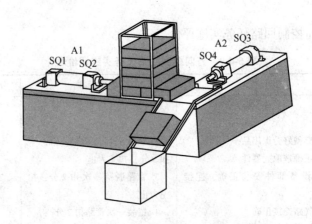

图 5-4-8　双缸送料装置示意图

5.4.8　任务分析

气动行程程序控制回路中的每一个动作都是由前一个动作的完成信号来起动的。因此在回路中，应该有对前一个动作完成到位情况进行检测的检测元件，行程开关、接近开关及磁性开关都可以起到位置检测的作用。对于气缸运动，可在气缸活塞动作到位后，通过安装在气缸活塞杆或缸体相应位置的位置检测元件发出的信号，起动下一个动作。也就是说，在一个回路中有多少个动作步骤，就有相应多少个位置检测元件。有时，在安装位置检测元件比较困难或根本无法进行位置检测时，行程信号也可用其他类型的信号来代替，如时间、压力信号等。此时，所用的检测元件不再是位置传感器，而是相应的时间、压力检测元件。

设计双缸送料装置顺序动作的要求：按下起动按钮后，气缸 A1 将料仓最底层的物料推送出去后气缸 A1 活塞杆立即收回；气缸 A2 伸出，将物料送至斜坡，物料落入包装箱中，然后气缸 A2 缩回原位。当气缸 A2 缩回原位后，气缸 A1 再次自动伸出，推出下一物料，循环重复动作。当按下停止按钮后，气缸 1、气缸 2 都恢复初始状态。

5.4.9　任务材料清单

任务材料清单见表 5-4-3。

表 5-4-3　器材清单

名称	图形符号	数量	备　注
气动实训台		1	
空压机		1	

名　称	图形符号	数量	备　注
气动三联件	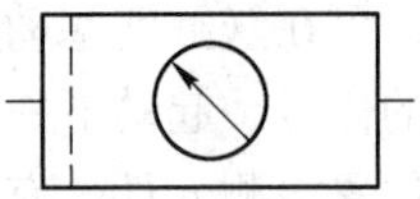	1	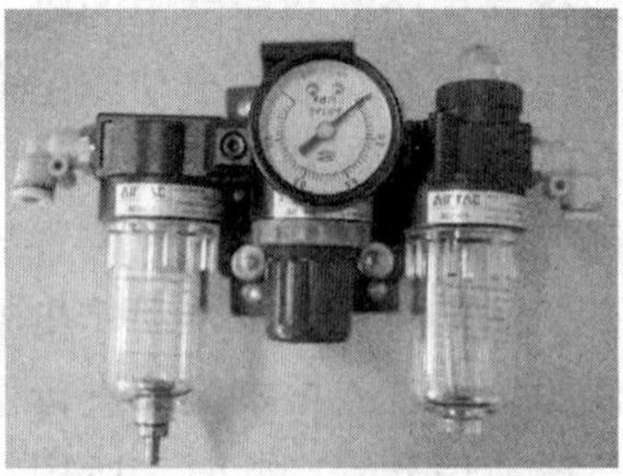
双作用单杆活塞气缸	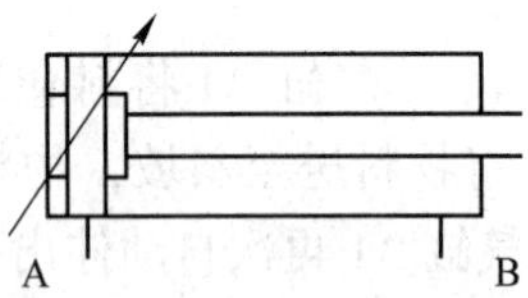	2	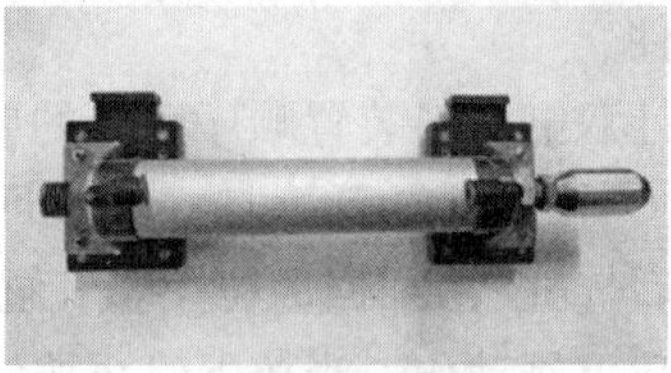
按钮式手动换向阀	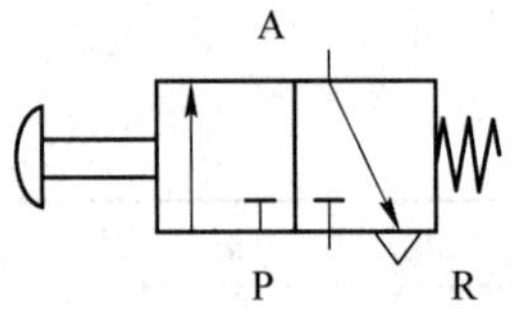	1	
滚轮式换向阀	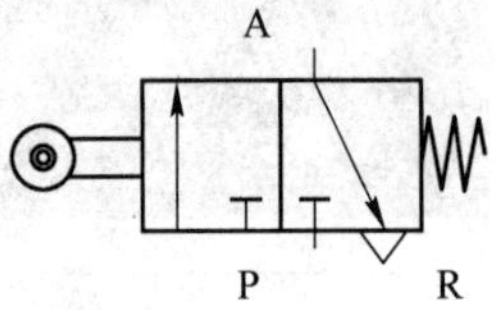	4	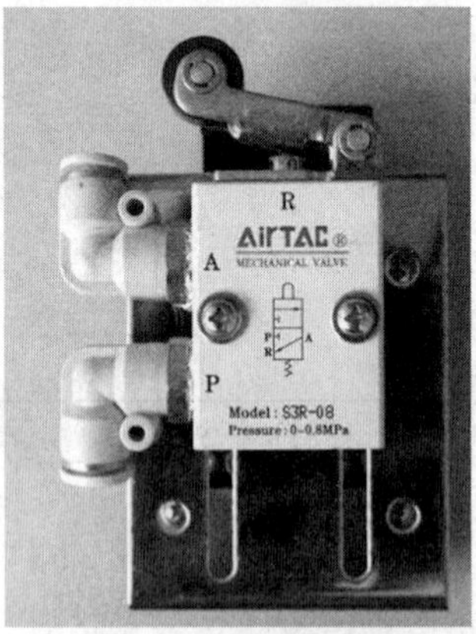
二位五通双气控换向阀	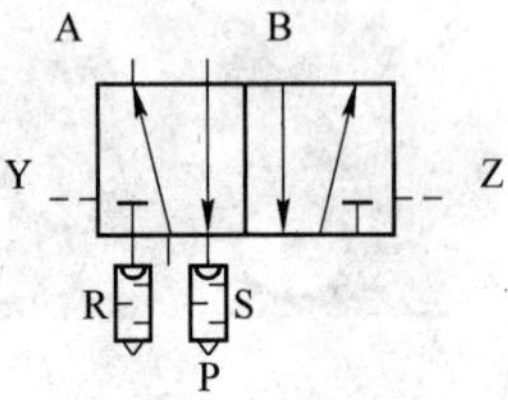	4	

续表 5-4-3

名称	图形符号	数量	备　注
气管	——————	若干	
三通	⊥	若干	

5.4.10　相关知识

5.4.10.1　纯气动控制回路图

图 5-4-9 所示为双缸送料装置纯气动回路图。

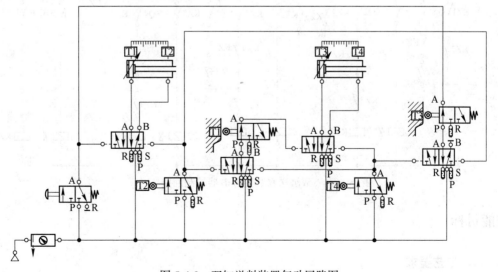

图 5-4-9　双缸送料装置气动回路图

本任务是看懂回路图并且在实验台上进行安装调试，观察执行元件运动方向的变化。

5.4.10.2　继电器控制回路图

（1）气动回路。双缸送料装置继电器控制回路如图 5-4-10 所示。

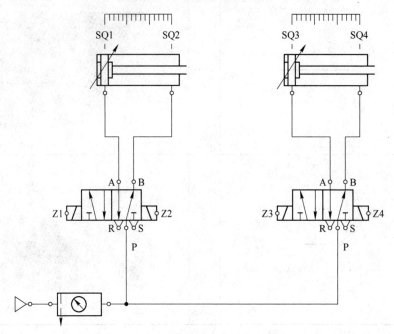

图 5-4-10　双缸送料装置继电器控制回路（一）

（2）继电器控制回路。双缸送料装置继电器控制回路如图 5-4-11 所示。

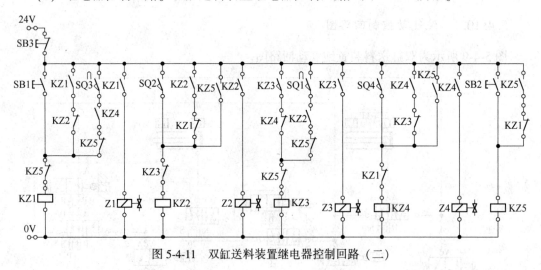

图 5-4-11　双缸送料装置继电器控制回路（二）

技能目标

5.4.11　工艺要求

控制回路安装与调试步骤如下。

5.4.11.1　准备工作

（1）设备清点。按表 5-4-1 清点设备及数量，并领取气压元件及相关工具。

（2）图样准备。施工前准备好气压传动回路图（图 5-4-12）、设备布局图，供作业时查阅。

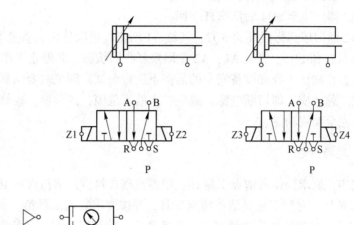

图 5-4-12　送料装置气动回路布局图

5.4.11.2　送料装置气动回路安装

（1）根据送料装置气动回路图进行安装。如图 5-4-13 所示。

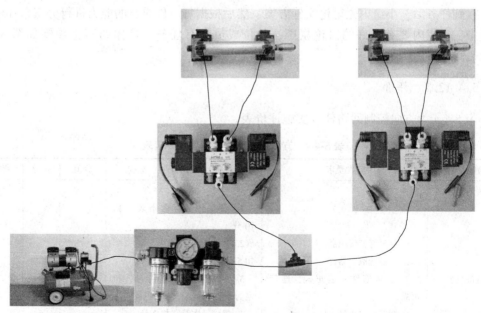

图 5-4-13　送料装置气动回路实物图

（2）气动回路检查。对照送料装置回路图检查气动回路的正确性、可靠性，严禁调试过程中出现气管脱落现象，确保安全。

5.4.11.3　设备调试

（1）调节三联件上压力表压力值为 0.2~0.4MPa 之间。

（2）按下启动按钮 SB1，气缸 A1 活塞杆伸出，压到行程开关 SQ2 后立即收回。

（3）气缸 A1 收回压至 SQ1 后，气缸 A2 伸出。

（4）气缸 A2 伸出压至 SQ4 后活塞杆缩回。

（5）气缸 A2 缩回压到行程开关 SQ2，气缸 A1 活塞杆再次伸出，重复上一循环动作。

（6）按下复位按钮 SB2，气缸 A1、A2 立即恢复收回状态，并停止工作。

清扫设备后，在确认人身和设备安全的前提下进行调试。调试时要认真观察设备的动作情况，若出现问题，应立即切断电源，避免扩大故障范围，待调整、检修或解决后重新调试，直至设备完全实现功能。

5.4.11.4　现场清理

设备调试完毕，要求操作者清点工量具、归类整理资料，并清扫现场卫生。

（1）清点工量具。对照工量具清单清点工具，并按要求装入工具箱。

（2）资料整理。整理归类技术说明书、设备清单、控制回路图、设备布局图等资料。

（3）清扫设备周围卫生，保持环境整洁。

5.4.12　任务实施

5.4.12.1　安装调试方向控制回路

接到任务后，小组内先讨论实施方案，然后根据每一位成员的能力进行分工，在整个过程中，小组内要有良好的讨论氛围，每位成员都有任务，具体的实施步骤如图 5-4-7 所示。

5.4.12.2　评价

表 5-4-4 为方向控制回路任务实施评价表。

表 5-4-4　方向控制回路任务实施评价表

验收项目	验收要求	配分标准	分值	扣分	得分
设备组装	1. 穿戴好劳保用品 2. 正确选取元器件 3. 设备部件安装正确，连接可靠 4. 气路连接正确	1. 劳保用品穿戴不规范扣 10 分 2. 领取元器件错误，错一个扣 5 分，扣完为止 3. 管路脱落一次扣 2 分，扣完为止 4. 错装一次管路扣 2 分 5. 气管漏气，气管过长、过短，每处扣 2 分	20		

验收项目	验收要求	配分标准	分值	扣分	得分
设备功能	1. 按下点动按钮 SB1，气缸 A1 活塞杆伸出正常 2. 压下行程开关 SQ2，气缸 A1 活塞杆缩回正常 3. 气缸 A1 收回，压下 SQ1 后气缸 A2 伸出 4. 气缸 A2 压下行程开关 SQ4，气缸缩回 5. 气缸缩回压至 SQ3 后气缸 A1 再次伸出，重复动作 6. 按下点动按钮 SB2，气缸 A1、A2 活塞杆缩回正常	1. 气缸 A1 活塞杆未按要求伸出，扣 10 分 2. 气缸 A1 活塞杆未按要求缩回，扣 10 分 3. 气缸 A2 活塞杆未按要求伸出，扣 10 分 4. 气缸 A2 活塞杆未按要求缩回，扣 10 分 5. 未能实现复位动作，扣 10 分	50		
设备附件	1. 系统压力值在规定范围内 2. 资料齐全，归类有序	1. 未按要求调定系统压力值，扣 10 分 2. 未带图操作，扣 10 分	20		
安全生产	1. 自觉遵守安全文明生产规程 2. 保持现场干净整洁，工具摆放有序 3. 是否伤害到别人或者自己、物件是否掉地等不安全操作 4. 人离开工作台是否关电	1. 任务完成后未将元件物归原位，扣 10 分 2. 人离开工作台未清理现场，扣 5 分 3. 出现安全事故按 0 分处理	10		
总　　分					

搭档：　　　　　　　　　　　　任务耗时：

5.4.13　知识链接

5.4.13.1　延时阀

二位三通延时阀由单向节流阀、气室和二位三通换向阀组合而成。常态下，控制口 K 无气控信号输入时，弹簧力作用使阀芯移至上侧，P 口关断，A 口和 R 口相通，工作口 A 无输出。如图 5-4-14 所示。

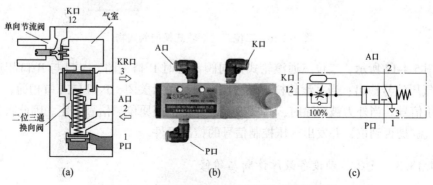

(a)　　　　　　　　　　　　(b)　　　　　　　　　　　　(c)

图 5-4-14　二位三通延时阀常态下的结构示意图

(a) 结构示意图；(b) 实物图；(c) 符号

当控制口 K 输入气控信号时，压缩空气由 K 口经单向节流阀进入气室，由于单向节流阀的节流作用，使气室内的空气压力上升速度缓慢。当气室内压力能克服弹簧力时，阀芯向下移动，换向阀换向，P 口与 A 口相通，输出气压信号。调节节流阀的开度，即可改变延时换向的时间。如图 5-4-15 所示。

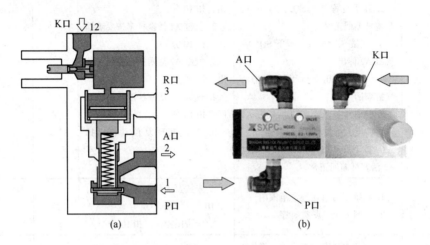

图 5-4-15　二位三通延时阀驱动状态下的结构示意图
(a) 结构示意图；(b) 实物图

5.4.13.2　滚轮式换向阀

行程阀是一种利用行程挡块碰压其滚轮，由滚轮杆压下使阀产生切换动作的机械阀（图 5-4-16）。

图 5-4-16　二位三通滚轮式换向阀实物

如图 5-4-17 所示，二位三通滚轮式换向阀常态时 P 口关闭，A 口与 R 口相通，工作口 A 无气压信号输出；当其滚轮杆被外力压下时，R 口关闭，P 口与 A 口相通，工作口 A 输出气压信号。当外力被解除时，阀杆被复位弹簧推回原位，信号终止。因此行程阀是用来检测气缸是否到位，并发出气压控制信号的控制元件。

5.4.13.3　气压传动设备故障诊断与维修

(1) 系统没有气压。

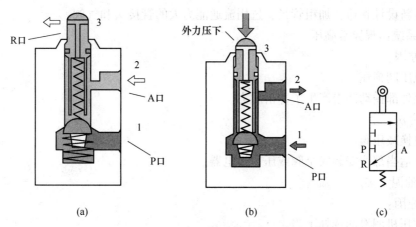

图 5-4-17　二位三通行程阀的结构示意图及其符号

（a）常态；（b）驱动状态；（c）符号

故障原因：

1）气动系统中开关阀、启动阀、流量控制阀等未打开。

2）换向阀未换向。

3）管路扭曲、压扁。

4）滤芯堵塞或冻结。

5）工作介质或环境温度太低，造成管路冻结。

维修方法：

1）打开未开启的阀。

2）检修或更换换向阀。

3）校正或更换扭曲、压扁的管道。

4）更换滤芯。

5）及时排除冷凝水，增设除水设备。

（2）供压不足。

故障原因：

1）耗气量太大，空压机输出流量不足。

2）空压机活塞环等过度磨损。

3）漏气严重。

4）减压阀输出压力低。

5）流量阀的开度太小。

6）管路细长或管接头选用不当，压力损失过大。

维修方法：

1）选择输出流量合适的空压机或增设一定容积的气罐。

2）更换活塞环等过度磨损的零件。并在适当部位装单向阀，维持执行元件内压力，以保证安全。

3）更换损坏的密封件或软管，紧固管接头和螺钉。

4）调节减压阀至规定压力，或更换减压阀。

5）调节流量阀的开度至合适开度。

6）重新设计管路，加粗管径，选用流通能力大的管接头和气阀。

（3）系统出现异常高压。

故障原因：

1）减压阀损坏。

2）因外部振动冲击产生了冲击压力。

维修方法：

1）更换减压阀。

2）在适当部位安装安全阀或压力继电器。

（4）油泥太多。

故障原因：

1）空压机润滑油选择不当。

2）空压机的给油量不当。

3）空压机连续运转的时间过长。

4）空压机运动件动作不良。

维修方法：

1）更换高温下不易氧化的润滑油。

2）给油过多，排出阀上滞留时间长；给油过少，造成活塞烧伤等，应注意给油量适当。

3）温度高，润滑油易碳化。应选用大流量空压机，实现不连续运转，系统中装油雾分离器，清除油泥。

4）当排出阀动作不良时，温度上升，润滑油易碳化，系统中装油雾分离器。

（5）气缸不动作、动作卡滞、爬行。

故障原因：

1）压缩空气压力达不到设定值。

2）气缸加工精度不够。

3）气缸、电磁阀润滑不充分。

4）空气中混入了灰尘，卡住了阀。

5）气缸负载过大，连接软管扭曲别劲。

维修方法：

1）重新计算，验算系统压力。

2）更换气缸。

3）拆检气缸、电磁阀，疏通润滑油路。

4）打开各接头，对管路重新吹扫，清洗。

5）检查气缸负载及连接软管，使之满足设计要求。

（6）压缩空气中含水量高。

故障原因：

1）储气罐、过滤器冷凝水存积。

2）后冷却器选型不当。

3）空压机进气管进气口设计不当。

4）空压机润滑油选择不当。

5）季节影响。

维修方法：

1）定期打开排污阀排放冷凝水。

2）更换后冷却器。

3）重新安装防雨罩，避免雨水流入空压机。

4）更换空压机润滑油。

5）雨季要加快排放冷凝水频率。

5.4.14 知识检测

5.4.14.1 填空题

（1）延时阀是气动系统中的一种（　　　　）控制元件，它通过（　　　　）调节气室充气压力的上升速度来实现延时的。

（2）行程开关也称位置开关，是一种根据运动部件的（　　　　）而自动连接或断开控制电路的开关电器，主要用于检测工作机械的（　　　　），发出命令以控制其运动方向或行程长短。当生产机械运动部件碰压行程开关时，其（　　　　）断开，（　　　　）闭合。

（3）磁性开关是利用（　　　　）的磁场作用来实现对物体感应的，从而检测（　　　　）的位置。

（4）（　　　　）是依靠回路中压力的变化来控制各种顺序动作的压力控制阀，只有当你所需的（　　　　）达到后，才有信号输出。

（5）单电控换向阀，其功能是利用（　　　　）的作用来实现阀芯工作位置的切换，以改变（　　　　）的方向。

5.4.14.2 判断题（正确的打"√"，错误的打"×"）

（1）快速排气阀的作用是将气缸中的气体经过管路由换向阀的排气口排出的。
（　　　）

（2）每台气动装置的供气压力都需要用减压阀来减压，并保证供气压力的稳定。
（　　　）

（3）在气动系统中，双压阀的逻辑功能相当于"或"元件。　　（　　　）

（4）快排阀促使执行元件的运动速度达到最快而使排气时间最短，因此需要将快排阀安装在方向控制阀的排气口。　　（　　　）

（5）双气控及双电控两位五通方向控制阀具有保持功能。　　（　　　）

（6）气压控制换向阀是利用气体压力来使主阀芯运动而使气体改变方向的。（　　　）

（7）消声器的作用是排除压缩气体高速通过气动元件排到大气时产生的刺耳噪声污染。
（　　　）

（8）气动压力控制网都是利用作用于阀芯上的流体（空气）压力和弹簧力相平衡的原理来进行工作的。　　（　　　）

模块 6　PLC 控制的气动回路

任务 6.1　制作公共汽车的气动开关门系统

项目教学目标

知识目标：

(1) 掌握制作公共汽车的气动开关门系统的应用原理；

(2) 掌握 PLC 公共汽车的气动开关门气压动作的原理。

技能目标：

(1) 能根据公共汽车的气动开关门系统回路图、设备布局图按要求安装、调试其控制回路；

(2) 能根据任务要求，利用 PLC 控制，安装调试，实现公共汽车的气动开关门动作的能力。

素质目标：

(1) 遵守现场操作的职业规范，具备安全、整洁、规范实施工作任务的能力；

(2) 具有良好的职业道德和职业责任感；

(3) 具有资料检索能力、学习能力、表达能力、团队交流协作能力；

(4) 具有不断开拓创新的意识。

知识目标

6.1.1　任务描述

采用气压传动系统的公共汽车车门，在司机周围可以装气动开关，就可以开、关车门，方便司机操作。某品牌的客车车门结构示意图如图 6-1-1 所示，主要由气缸、车门等组成。它利用压缩空气驱动气缸，带动车门的轴向左或向右转动，从而实现车门的开和关。当驾驶员按下车门按钮时，气缸活塞杆缩回，车门打开；当按下关门按钮时，气缸活塞杆伸出，车门缓慢关闭。本任务是在实训设备上完成汽车门气动回路的安装调试，以及气动设备相关维护知识的学习。

6.1.2　任务分析

需要理解气压传动回路在汽车车门自动控制中的应用，重点是利用 PLC 程序结合气动系统实现自动控制。本任务气动回路主要由一个二位五通电控换向阀控制车门开关，一个延时阀控制慢速关门。

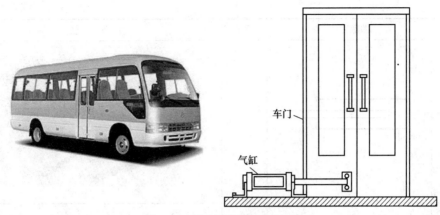

图 6-1-1　客车车门结构示意图

6.1.3　任务材料清单

任务材料清单见表 6-1-1。

表 6-1-1　器材清单

名称	图形符号	数量	备　　注
液压实训台		1	
空气压缩机		1	
三联件		1	

名称	图形符号	数量	备　注
液压缸	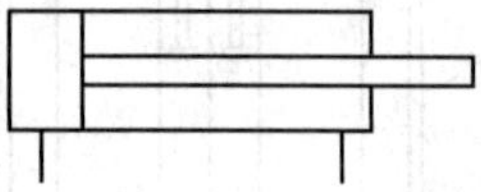	1	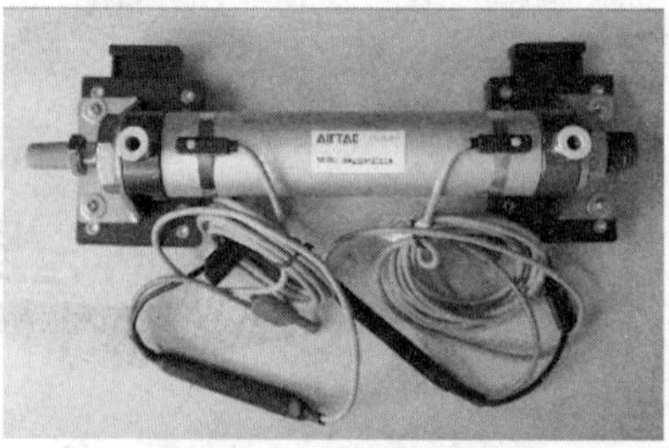
单向节流阀	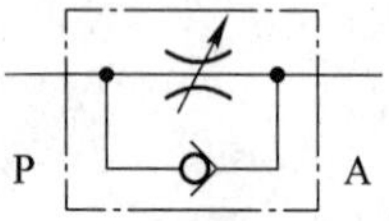 P　　　A	2	
二位五通单电控换向阀	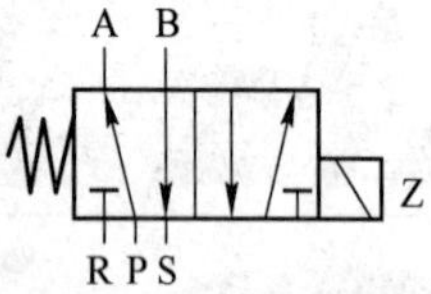 A　B　　　　　Z　　R P S	1	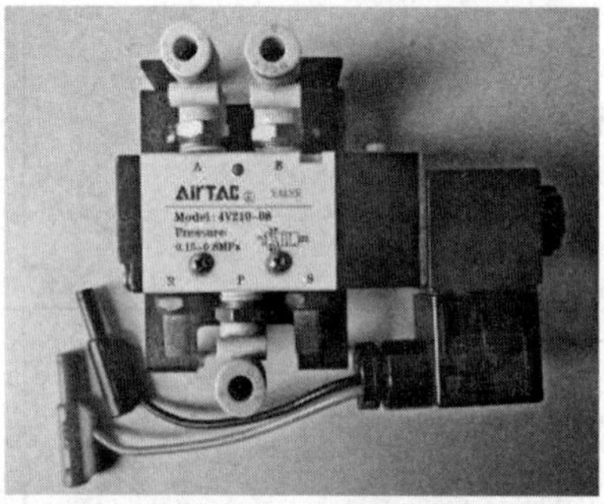
延时阀	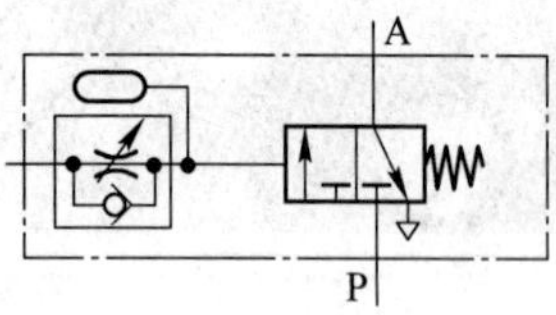 A　　　　　P	1	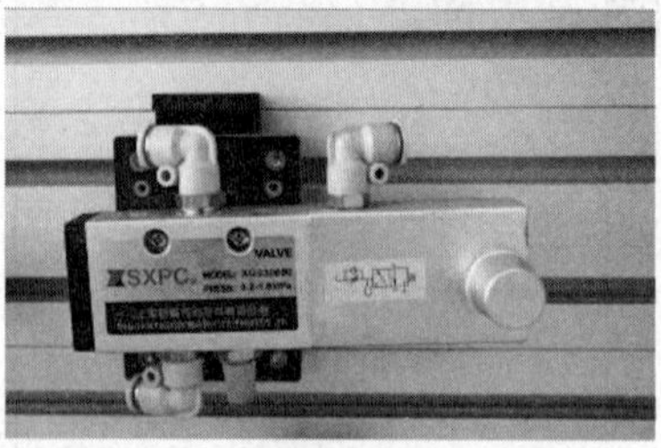
三通	⊥	若干	

名称	图形符号	数量	备　注
气管	——————	若干	
电线	——————	若干	

6.1.4　相关知识

图 6-1-2 所示为公共汽车的气动开关门系统回路。

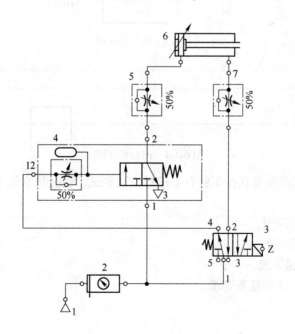

图 6-1-2　公共汽车的气动开关门系统回路图

1—气泵；2—气动三联件；3—二位五通单电控换向阀；4—延时阀；

5，7—节流阀；6—气缸

公共汽车的气动开关门控制系统见表 6-1-2，Z1 得电时开门，Z1 断电时关门，采用一个带自锁的翘板开关控制（按下翘板开关的一端，开关闭合并且保持；按下翘板开关的另一端，开关分断并且保持）。

表 6-1-2　电磁铁动作顺序表

名　称	Z1
开门	−
关门	+

PLC 控制系统有一个开关门按钮 SB1，一个控制循环动作过程如下：

按一下 SB1 时→气缸延时 5s 伸出→车门关闭→再按一下 SB1 时→气缸缩回→车门打开。

该系统的电气系统图如图 6-1-3、图 6-1-4 所示。

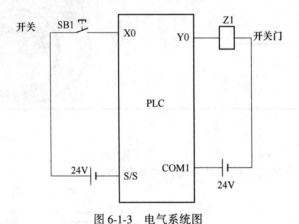

图 6-1-3　电气系统图

图 6-1-4　PLC 程序图

本任务是看懂回路图并且在实验台上进行安装调试，会分析它的工作原理，编写 PLC 程序，并进行调试。

（1）安装液压回路图。

（2）安装电气系统图。

（3）编写 PLC 梯形图。

（4）调试动作，达到任务要求。

技能目标

6.1.5　工艺要求

公共汽车气动开关门系统回路安装与调试步骤如下。

6.1.5.1 准备工作

（1）设备清点。按表6-1-1清点设备型号规格及数量，并领取气压元件及相关工具。

（2）气压元件的清点。见表6-1-3，操作人员应清点气压元件的数量，同时认真检查其性能是否完好。

表6-1-3 气压元件清单

序号	名 称	数量	单位	备 注
1	气压试验平台		台	
2	三联件	1	只	
3	二位五通单电控换向阀	4	只	
4	延时阀	1	只	
5	单向节流阀	2	只	
6	气管	若干	条	
7	三通	若干	个	
8	气缸	1	个	
9	空气压缩机	1	台	

（3）图样准备。施工前准备好设备控制回路图、设备布局图，供作业时查阅。公共汽车的气动开关门系统回路的元件安装位置如图6-1-5所示。

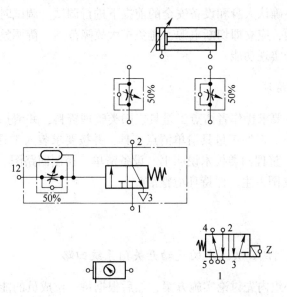

图6-1-5 公共汽车气动开关门系统回路布局图

6.1.5.2 液压回路安装

（1）根据公共汽车的气动开关门系统回路布局图进行安装。如图6-1-6所示。

（2）液压回路检查。对照公共汽车的气动开关门系统回路布局图检查液压回路的正

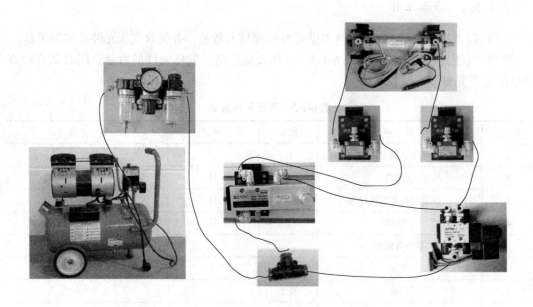

图 6-1-6　公共汽车的气动开关门系统回路安装示意图

确性、可靠性，严禁调试过程中出现油管脱落现象，确保安全。

6.1.5.3　设备调试

清扫设备后，在确认人身和设备安全的前提下进行调试。调试时要认真观察设备的动作情况，若出现问题，应立即切断电源，避免扩大故障范围，待调整、检修或解决后重新调试，直至设备完全实现功能。

6.1.5.4　现场清理

设备调试完毕，要求操作者清点工量具、归类整理资料，并清扫现场卫生。
（1）清点工量具。对照工量具清单清点工具，并按要求装入工具箱。
（2）资料整理。整理归类技术说明书、设备清单、控制回路图、设备布局图等资料。
（3）清扫设备周围卫生，保持环境整洁。

6.1.6　任务实施

6.1.6.1　安装调试公共汽车的气动开关门系统回路

接到任务后，小组内先讨论实施方案，然后根据每一位成员的能力进行分工，在整个过程中，小组内要有良好的讨论氛围，每位成员都有任务，具体的实施步骤如图 6-1-7 所示。

6.1.6.2　评价

表 6-1-4 为公共汽车的气动开关门系统回路过程评价表。

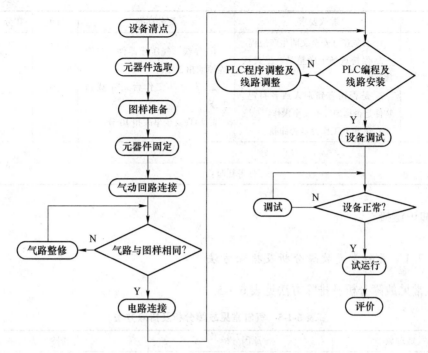

图 6-1-7 实施步骤

表 6-1-4 公共汽车的气动开关门系统回路过程评价表

验收项目	验收要求	配分标准	分值	扣分	得分
施工准备	1. 穿戴好劳保用品 2. 正确选取元器件 3. 正确领取工量具	1. 劳保用品穿戴不规范扣10分 2. 领取元器件错误，错一个扣1分，扣完为止	10		
气压回路搭建	1. 元器件安装可靠、正确 2. 气路连接正确，规范美观 3. 安装管路动作规范 4. 正确连接气压回路，管路无错误	1. 管路脱落一次扣1分，扣完为止 2. 错装一次管路扣1分，管路出现大变形，一条扣1分，扣完为止	30		
PLC 控制线路搭建	1. 能正确进行接线 2. 能正确利用编程软件输入、下载程序 3. 编写的 PLC 控制方案能满足动作的要求 4. 能根据接线图和梯形图，填写相应的 PLC I/O 端口分配表	1. 每接错1处，扣1分，出现因接线问题造成 PLC 损坏等重大问题的，扣3分 2. 不能实现者，扣5分 3. 编写的程序能完全满足控制的要求，该项满分；部分满足动作要求，视情况酌情扣分	30		
气压回路调试	1. 检查电源和空压机是否正常 2. 气压系统最大压力值调定 3. 轻载启动 4. 按要求实现开关门动作	1. 不检查气源扣1分 2. 带载荷启动扣2分 3. 未轻载启动扣1分 4. 未按要求实现的扣2分	20		

验收项目	验收要求	配分标准	分值	扣分	得分
安全生产	1. 自觉遵守安全文明生产规程 2. 保持现场干净整洁，工具摆放有序 3. 是否伤害到别人或者自己、物件是否掉地等不安全操作 4. 人离开工作台是否卸载	1. 导线、气压元器件、气管等掉地扣 2 分 2. 人离开工作台未卸载扣 2 分 3. 出现安全事故扣 10 分	10		
总　　分					

搭档：　　　　　　　　　　　任务耗时：

6.1.7　知识链接

6.1.7.1　气缸常见故障分析及排除方法

气缸常见故障分析及排除方法见表 6-1-5。

表 6-1-5　气缸常见故障分析及排除方法

故障现象	原因分析	排除方法
外泄漏 （活塞杆端漏气、缸筒与缸盖间漏气、缓冲调节处漏气）	1. 活塞杆安装偏心 2. 润滑油供应不足 3. 密封圈磨损 4. 活塞杆轴承配合面有杂质 5. 活塞杆有伤痕	1. 重新调整活塞杆的中心，使活塞杆不受偏心和横向负荷，保证活塞杆与缸筒的同轴度 2. 检查油雾器工作是否可靠，以保证执行元件润滑良好 3. 更换密封圈 4. 及时清除杂质，安装更换防尘罩 5. 换新活塞杆
内泄漏 （活塞两端窜气）	1. 活塞密封圈损坏 2. 润滑不良 3. 活塞被卡住 4. 活塞配合面有缺陷 5. 杂质挤入密封面	1. 更换密封圈 2. 检查油雾器工作是否可靠，以保证执行元件润滑良好 3. 重新安装调整，使活塞杆不受偏心和横向负荷 4. 及时去除杂质 5. 采用净化压缩空气
输出力不足和动作不平稳	1. 活塞或活塞杆被卡住 2. 润滑不良 3. 供气量不足 4. 缸内有冷凝水和杂质等	1. 调整活塞杆的中心 2. 检查油雾器的工作是否可靠 3. 供气管路是否被堵塞，加大连接或管接头口径 4. 清除冷凝水和杂质，用净化干燥压缩空气防止水凝结
缓冲效果不良	1. 缓冲密封圈磨损 2. 调节螺钉损坏 3. 气缸速度太快	1. 更换密封圈 2. 更换调节螺钉 3. 检查缓冲机构是否适合

故障现象	原因分析	排除方法
活塞杆、缸盖损坏	1. 有偏心横向负荷 2. 活塞杆受冲击负荷 3. 气缸的速度太快 4. 缓冲机构不起作用	1. 消除偏心横向负荷 2. 冲击不能加在活塞杆上 3. 设置缓冲装置 4. 在外部或回路中设置缓冲机构

6.1.7.2　换向阀常见故障分析及排除方法

换向阀常见故障分析及排除方法见表 6-1-6。

表 6-1-6　换向阀常见故障分析及排除方法

故障现象	原因分析	排除方法
阀不能换向或换向动作缓慢	1. 润滑不良 2. 弹簧被卡住或损坏，油污或杂质卡住滑动部分	1. 先检查油雾器的工作是否正常，润滑油的黏度是否合适，必要时更换润滑油，清洗换向阀的滑动部分 2. 更换弹簧和换向阀
气体泄漏	1. 阀芯密封圈磨损 2. 阀杆损伤 3. 阀座损伤	1. 更换密封圈 2. 更换阀杆 3. 更换阀座或换新的换向阀
电磁先导阀有故障	1. 进、排气孔被油泥等杂物堵塞，封闭不严，活动铁芯被卡死 2. 电路故障（控制电路故障和电磁线圈故障）	1. 应清洗先导阀及活动铁芯上的油泥和杂质 2. 先将换向阀的手动旋钮转动几下，看换向阀在额定的气压下是否能正常换向，若能正常换向，则是电路有故障。检查时，可用仪表测量电磁线圈的电压，看是否达到了额定电压，如果电压过低，应进一步检查控制电路中的电源和相关联的行程开关电路。如果在额定电压下换向阀不能正常换向，则应检查电磁线圈的接头（插头）是否松动或接触不实。方法是，拔下插头，测量线圈的阻值，如果阻值太大或太小，说明电磁线圈已损坏，应更换

6.1.7.3　辅助元件常见故障分析及排除方法

辅助元件常见故障分析及排除方法见表 6-1-7。

表 6-1-7　辅助元件常见故障分析及排除方法

故障现象	原因分析	排除方法
油雾器故障	1. 调节针的调节量太小，油路堵塞 2. 管路漏气等都会使液态油滴不能雾化	1. 应及时处理堵塞和漏气的地方，调整滴油量，使其达到 5 滴/min 左右。正常使用时，油杯内的油面要保持在上下限范围之内 2. 油杯底沉积的水分应及时排除

故障现象	原因分析	排除方法
自动排污器故障	器内的油污和水分有时不能自动排除	拆下并进行检查和清洗
消声器故障	换向阀上装的消声器太脏或被堵塞	要经常清洗消声器

任务 6.2 制作打包机的挡板气动系统

项目教学目标

知识目标:

(1) 掌握制作打包机的挡板气动系统的应用原理;

(2) 掌握 PLC 控制打包机挡板气动系统的原理。

技能目标:

(1) 能根据打包机的挡板气动系统回路图、设备布局图按要求安装、调试其控制回路;

(2) 能根据任务要求,利用 PLC 控制、安装调试实现制作打包机的挡板气动系统应用能力。

素质目标:

(1) 遵守现场操作的职业规范,具备安全、整洁、规范实施工作任务的能力;

(2) 具有良好的职业道德和职业责任感;

(3) 具有资料检索能力、学习能力、表达能力、团队交流协作能力;

(4) 具有不断开拓创新的意识。

知识目标

6.2.1 任务描述

如图 6-2-1 所示,在做瓷砖打包之前,当瓷砖运行到指定位置时,气缸 A 先动作将瓷砖定位,气缸 B 再动作,推动瓷砖挡板机构运动,将瓷砖夹紧码整齐,便于后续的瓷砖

图 6-2-1 打包机挡板

打包工作。系统中还设置了一个停止复位按钮，即在紧急情况下，按下停止复位按钮，缸A、缸B同时返回原位。本任务是在实训设备上完成打包机气动回路的安装调试。

6.2.2　任务分析

需要理解气压回路在打包机挡板机构中的应用，重点是利用 PLC 程序结合气动系统，实现打包前定位、归整等自动动作。本任务气动回路主要由两个二位五通换向阀控制两个缸的同时动作，推动瓷砖进行归整。

6.2.3　任务材料清单

任务材料清单见表 6-2-1。

表 6-2-1　器材清单

名称	图形符号	数量	备　注
液压实训台		1	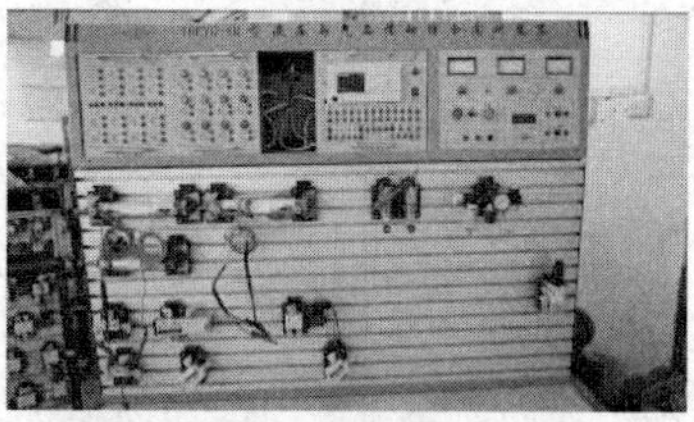
空压机		1	
液压缸	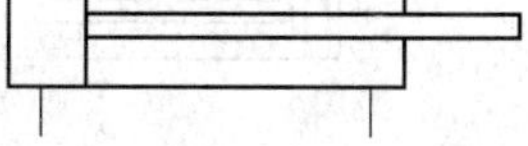	2	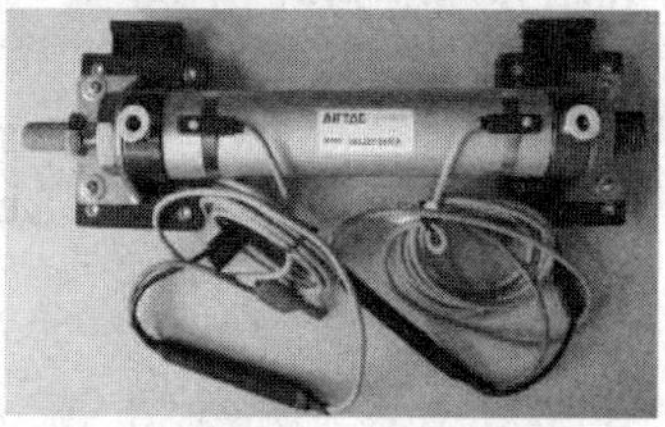
气动三联件	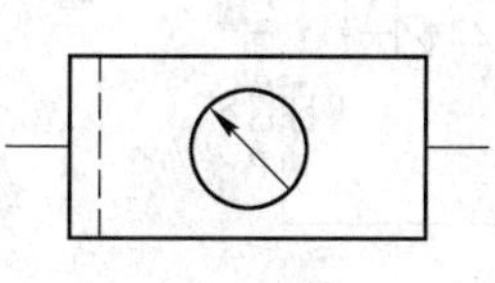	1	

名　称	图形符号	数量	备　　注
二位五通电磁换向阀		2	
三通		若干	
气管		若干	

6.2.4　相关知识

打包机的挡板气动系统回路。图 6-2-2 所示为打包机的挡板气动系统回路。

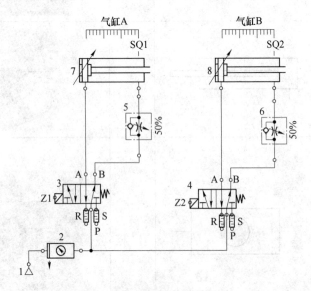

图 6-2-2　打包机挡板气动系统回路图

1—气泵；2—气动三联件；3，4—二位五通单电控换向阀；5，6—单向节流阀；7，8—气缸

电磁铁动作顺序见表 6-2-2。

表 6-2-2　电磁铁动作顺序表

名　　称	Z1	Z2
缸 A 伸出定位	+	−
缸 B 伸出夹紧	+	+
双缸退回	−	−

具体工作原理如下：当瓷砖运行到指定位置时，按下 SB1 启动按钮，气缸 A 与气缸 B 同时动作，伸出推动瓷砖挡板机构运动，将瓷砖码整齐，延时 2s，两个同时退回。

流程如下：按下 SB1→气缸 A 伸出→气缸 B 伸出→（两缸伸出到位后）延时 2s→气缸同时退回。

按下停止复位按钮 SB2→气缸 A、B 同时退回。

（说明：在每个气缸缸体极限位置安装两个接近开关（或行程开关），用于检测液压缸的运动极限位置。）

该系统的电气系统图如图 6-2-3、图 6-2-4 所示。

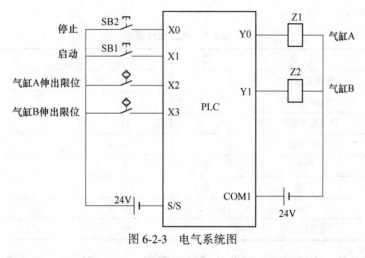

图 6-2-3　电气系统图

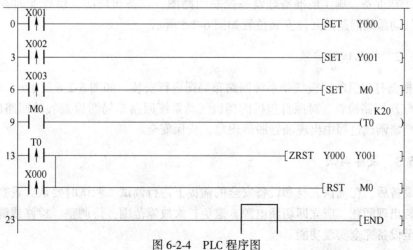

图 6-2-4　PLC 程序图

本任务是看懂回路图并且在实验台上进行安装调试，会分析它的工作原理，编写 PLC 程序，并进行调试。

(1) 安装气压回路图。

(2) 安装电气系统图。

(3) 编写 PLC 梯形图。

(4) 调试动作，达到任务要求。

技能目标

6.2.5　工艺要求

打包机挡板气动系统回路安装与调试步骤如下。

6.2.5.1　准备工作

(1) 设备清点。按表 6-2-1 清点设备型号规格及数量，并领取气压元件及相关工具。

(2) 气压元件的清点。见表 6-2-3，操作人员应清点气压元件的数量，同时认真检查其性能是否完好。

表 6-2-3　气压元件清单

序号	名　称	数量	单位	备　注
1	液压试验平台		台	
2	气动三联件	1	只	
3	二位五通电磁换向阀	4	只	
4	压力表	1	只	
5	气管	若干	条	
6	三通	若干	个	
7	气缸	2	个	
8	空气压缩机	1	台	

(3) 图样准备。施工前准备好设备控制回路图、设备布局图，供作业时查阅。打包机的挡板气动系统回路的元件安装位置如图 6-2-5 所示。

6.2.5.2　气压回路安装

(1) 根据打包机的挡板气动系统回路布局图进行安装。如图 6-2-6 所示。

(2) 气压回路检查。对照打包机的挡板气动系统回路布局图检查气动回路的正确性、可靠性，严禁调试过程中出现油管脱落现象，确保安全。

6.2.5.3　设备调试

清扫设备后，在确认人身和设备安全的前提下进行调试。调试时要认真观察设备的动作情况，若出现问题，应立即切断电源，避免扩大故障范围，待调整、检修或解决后重新调试，直至设备完全实现功能。

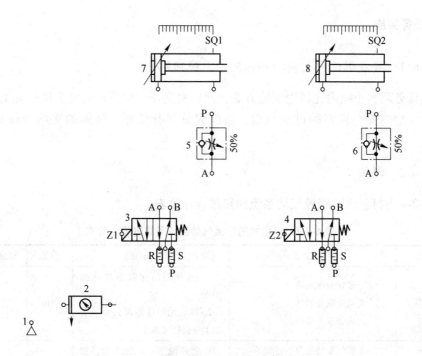

图 6-2-5　打包机的挡板气动系统回路布局图

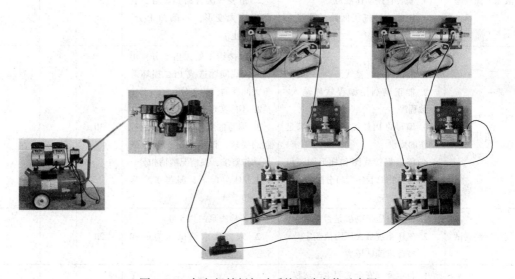

图 6-2-6　打包机挡板气动系统回路安装示意图

6.2.5.4　现场清理

设备调试完毕，要求操作者清点工量具、归类整理资料，并清扫现场卫生。

（1）清点工量具。对照工量具清单清点工具，并按要求装入工具箱。

（2）资料整理。整理归类技术说明书、设备清单、控制回路图、设备布局图等资料。

（3）清扫设备周围卫生，保持环境整洁。

6.2.6 任务实施

6.2.6.1 安装调试打包机的挡板气动系统回路

接到任务后，小组内先讨论实施方案，然后根据每一位成员的能力进行分工，在整个过程中，小组内要有良好的讨论氛围，每位成员都有任务，具体的实施步骤如图 6-1-7 所示。

6.2.6.2 评价

表 6-2-4 为打包机的挡板气动系统回路过程评价表。

表 6-2-4 打包机的挡板气动系统回路过程评价表

验收项目	验收要求	配分标准	分值	扣分	得分
施工准备	1. 穿戴好劳保用品 2. 正确选取元器件 3. 正确领取工量具	1. 劳保用品穿戴不规范扣10分 2. 领取元器件错误，错一个扣1分，扣完为止	10		
液压回路搭建	1. 元器件安装可靠、正确 2. 气路连接正确，规范美观 3. 安装管路动作规范 4. 正确连接气压回路，管路无错误	1. 管路脱落一次扣1分，扣完为止 2. 错装一次管路扣1分，管路出现大变形，一条扣1分，扣完为止	30		
PLC 控制线路搭建	1. 能正确进行接线 2. 能正确利用编程软件输入、下载程序 3. 编写的 PLC 控制方案能满足动作的要求 4. 能根据接线图和梯形图，填写相应的 PLC I/O 端口分配表	1. 每接错1处，扣1分，出现因接线问题造成 PLC 损坏等重大问题的，扣3分 2. 不能实现者，扣5分 3. 编写的程序能完全满足控制的要求，该项满分；部分满足动作要求，视情况酌情扣分 4. I/O 分配表，漏写1个端口，扣1分	30		
气压回路调试	1. 检查空压机电机是否正常 2. 气压系统最大压力值调定 3. 按要求调试压力	1. 不检查泵站扣5分 2. 未按要求调试压力的扣5分	20		
安全生产	1. 自觉遵守安全文明生产规程 2. 保持现场干净整洁，工具摆放有序 3. 是否伤害到别人或者自己、物件是否掉地等不安全操作 4. 人离开工作台是否卸载	1. 导线、气压元器件、气管掉地扣2分 2. 人离开工作台未卸载扣2分 3. 出现安全事故扣10分	10		
总　　分					
搭档：		任务耗时：			

任务 6.3　制作机械手气动系统

项目教学目标

知识目标：

（1）掌握制作机械手气动系统的应用原理；

（2）掌握 PLC 控制机械手气动系统的原理。

技能目标：

（1）能根据机械手气动系统回路图、设备布局图按要求安装、调试其控制回路；

（2）能根据任务要求，利用 PLC 控制，安装调试，实现机械手气动系统动作。

素质目标：

（1）遵守现场操作的职业规范，具备安全、整洁、规范实施工作任务的能力；

（2）具有良好的职业道德和职业责任感；

（3）具有资料检索能力、学习能力、表达能力、团队交流协作能力；

（4）具有不断开拓创新的意识。

知识目标

6.3.1　任务描述

一套需要用气动控制的机械手搬运物体的设备（图 6-3-1），需要实现以下工作任务：要求当班的第一次启动时，输入密码 24，按下启动按钮 SB1 才能启动 PLC 系统；当按下搬运按钮 SB2 时，机械手臂下降，到位后延时 3s，夹紧物体，延时 2s，上升，到位后，大臂旋转，旋转到位后，机械手臂下降，到位后松夹。然后返回到初始位。通过这套系统实现搬运物体的功能。利用实训台来制作、安装、调试机械手气动回路，从而模拟出气动机械手的运动。之前在模块 4 中介绍过用液压系统实现，这次是气动系统。

图 6-3-1　气动机械手

6.3.2　任务分析

需要理解气动机械手的工作原理，重点是 PLC 控制方面的程序，多了一个设置密码的程序，以及延时程序，气动回路方面与原来的液压回路变化不大，由两个气压缸组成。一个是升降手臂，一个是抓手，一个气压马达做旋转用，三个换向阀实现换向，最终就是用 PLC 去实现它的动作。

6.3.3　任务材料清单

任务材料清单见表 6-3-1。

表 6-3-1　器材清单

名称	图形符号	数量	备　　注
液压实训台		1	
空气压缩机		1	
三联件		1	
液压缸		2	
气动马达		1	

名称	图形符号	数量	备 注
二位五通单电换向阀		3	
三通		若干	
液压油管	———————	若干	
电线	———————	若干	

6.3.4 相关知识

机械手气动系统回路。图 6-3-2 所示为机械手气动系统回路。

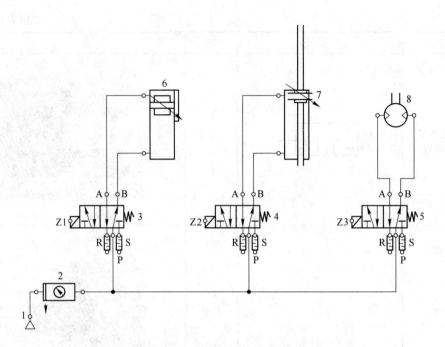

图 6-3-2　机械手气动系统回路图

1—气泵；2—气动三联件；3~5—二位五通电磁换向阀；6—无杆气缸；

7—有杆气缸；8—气动马达

电磁铁动作顺序见表 6-3-2。

表 6-3-2　电磁铁动作顺序表

名　　称	Z1	Z2	Z3	Z4
夹紧	−	−	−	−
松开	−	+	−	−
升	−	−	−	−
降	−	+	−	−
顺时针旋转	−	−	−	+
逆时针旋转	−	−	−	−

气压系统的初始位置是：3 个气压缸对应的电磁阀都处于断电状态；手爪的原点位置及状态为处于左边、上升、放松的状态。

PLC 控制系统有两个密码按钮：SB4 和 SB5，密码为 24（SB4 按两次，SB5 按 4 次），按下开锁按钮 SB1，PLC 系统才能运行。一个搬运按钮 SB2、一个停止按钮 SB3 和一个复位按钮 SB6。一次控制循环动作过程如下：

输对密码→按下 SB1 开锁运行 PLC→按下搬运按钮 SB2→手爪下降→夹紧物体→上升→旋转缸旋转至右边→下降→松开物体→上升→旋转缸旋转至左边；按下 SB3→所有气缸停止工作，手爪回到原点；要关闭系统或者输密码错乱时可以按下复位按钮 SB6，让系统复位，重新开始输入。

（说明：每个气缸外面安装两个磁性开关（或行程开关），用于检测液压缸的运动极限位置。)

设计该系统的电气系统图如图 6-3-3、图 6-3-4 所示。

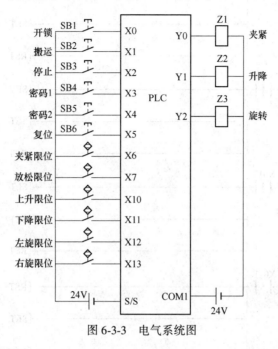

图 6-3-3 电气系统图

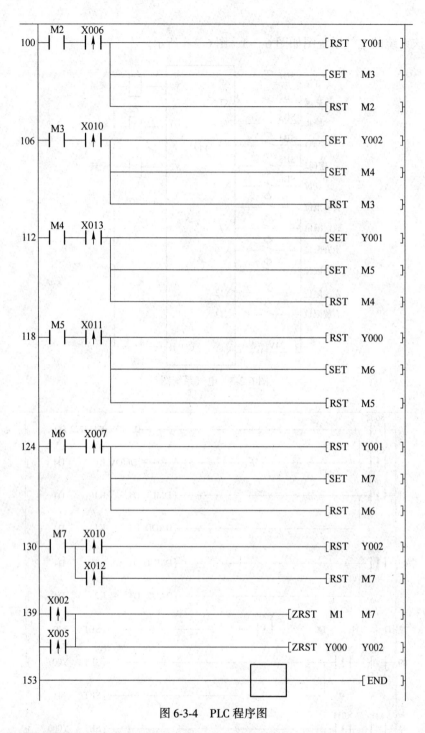

图 6-3-4　PLC 程序图

本任务是看懂回路图并且在实验台上进行安装调试，会分析它的工作原理，编写 PLC 程序，并进行调试。

（1）安装气压回路图。

（2）安装电气系统图。

（3）编写 PLC 梯形图。

（4）调试动作，达到任务要求。

技能目标

6.3.5　工艺要求

机械手气动系统回路安装与调试步骤如下。

6.3.5.1　准备工作

（1）设备清点。按表 6-3-1 清点设备型号规格及数量，并归类放置。

（2）液压元件的清点。见表 6-3-1，操作人员应清点液压元件的数量，同时认真检查其性能是否完好。

（3）图样准备。施工前准备好设备控制回路图、设备布局图，供作业时查阅。机械手气动系统回路的元件安装位置如图 6-3-5 所示。

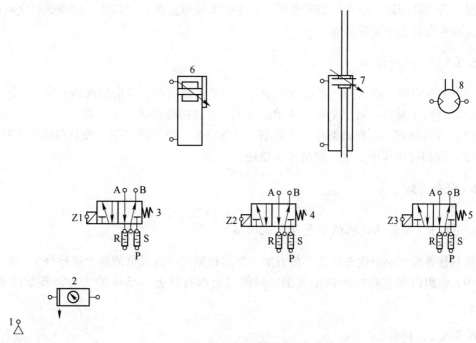

图 6-3-5　机械手气动系统回路布局图

6.3.5.2　液压回路安装

（1）根据机械手气动系统回路布局图进行安装，如图 6-3-6 所示。

（2）液压回路检查。对照机械手气动系统回路布局图检查液压回路的正确性、可靠性，严禁调试过程中出现油管脱落现象，确保安全。

6.3.5.3　设备调试

清扫设备后，在确认人身和设备安全的前提下进行调试。调试时要认真观察设备的动

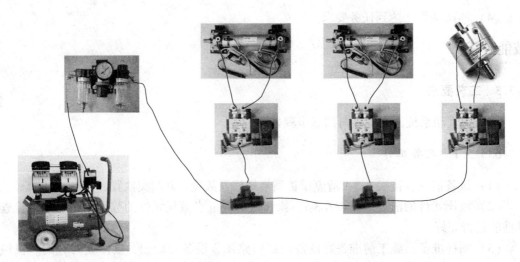

图 6-3-6　打包机手爪液压系统回路安装示意图

作情况，若出现问题，应立即切断电源，避免扩大故障范围，待调整、检修或解决后重新调试，直至设备完全实现功能。

6.3.5.4　现场清理

设备调试完毕，要求操作者清点工量具、归类整理资料，并清扫现场卫生。

（1）清点工量具。对照工量具清单清点工具，并按要求装入工具箱。

（2）资料整理。整理归类技术说明书、设备清单、控制回路图、设备布局图等资料。

（3）清扫设备周围卫生，保持环境整洁。

6.3.6　任务实施

6.3.6.1　安装调试机械手气动系统回路

接到任务后，小组内先讨论实施方案，然后根据每一位成员的能力进行分工，在整个过程中，小组内要有良好的讨论氛围，每位成员都有任务，具体的实施步骤如图 6-1-7 所示。

6.3.6.2　评价

表 6-3-3 为机械手气动系统回路过程评价表。

表 6-3-3　机械手气动系统回路过程评价表

验收项目	验收要求	配分标准	分值	扣分	得分
施工准备	1. 穿戴好劳保用品 2. 正确选取元器件 3. 正确领取工量具	1. 劳保用品穿戴不规范扣10 分 2. 领取元器件错误，错一个扣 1 分，扣完为止	10		

续表 6-3-3

验收项目	验收要求	配分标准	分值	扣分	得分
液压回路搭建	1. 元器件安装可靠、正确 2. 油路连接正确，规范美观 3. 安装管路动作规范 4. 正确连接所设计的液压回路，管路无错误	1. 管路脱落一次扣 1 分，扣完为止 2. 错装一次管路扣 1 分，管路出现大变形，一条扣 1 分，扣完为止	30		
PLC 控制线路搭建	1. 能正确进行接线 2. 能正确利用编程软件输入、下载程序 3. 编写的 PLC 控制方案能满足动作的要求 4. 能根据接线图和梯形图，填写相应的 PLC I/O 端口分配表	1. 每接错 1 处，扣 1 分，出现因接线问题造成 PLC 损坏等重大问题的，扣 3 分 2. 不能实现者，扣 5 分 3. 编写的程序能完全满足控制的要求，该项满分；部分满足动作要求，视情况酌情扣分	30		
气压回路调试	1. 检查电源和空压机是否正常 2. 气压系统最大压力值调定 3. 轻载启动 4. 按要求实现机械手的动作	1. 不检查气源扣 1 分 2. 带载荷启动扣 2 分 3. 未轻载启动扣 1 分 4. 未按要求实现的扣 2 分	20		
安全生产	1. 自觉遵守安全文明生产规程 2. 保持现场干净整洁，工具摆放有序 3. 是否伤害到别人或者自己、物件是否掉地等不安全操作 4. 人离开工作台是否卸载	1. 导线、液压元器件、油管掉地扣 2 分 2. 人离开工作台未卸载扣 2 分 3. 出现安全事故扣 10 分	10		
总　　分					

搭档：　　　　　　　　　　　　　　　　　任务耗时：

参 考 文 献

[1] 周建清，杨永年. 气压与液压实训 [M]. 北京：机械工业出版社，2018.1.

[2] 潘玉山. 气动与液压技术 [M]. 北京：机械工业出版社，2015.5.

[3] 梅荣娣. 液压与气压传动控制技术 [M]. 北京：北京理工大学出版社，2015.7.

[4] 陈桂芳. 液压与气动技术 [M]. 北京：北京理工大学出版社，2014.8.

[5] 戴宽强. 气压传动（第2版）[M]. 北京：机械工业出版社，2017.9.